旅館資訊系統

旅館資訊系統規劃師認證指定教材

U0087047

授權聲明

德安資訊股份有限公司為積極協助學校推動 e 化教育發展，將協助- 碁峰資訊股份有限公司結合中華企業資源規劃學會與作者顧景昇，以利『旅館資訊系統』出版書籍撰寫。

本公司授權予碁峰資訊股份有限公司與『旅館資訊系統』作者之範疇如下：

1. 德安飯店前檯管理系統(PMS)：操作畫面擷取，至該出版書籍及光碟中教學所用。

本書所使用相關系統操作資料，經本公司審核認可，符合產業界及教師和學生使用。

德安資訊股份有限公司

授權人：董事長 李 正 媛

旅館資訊系統認證

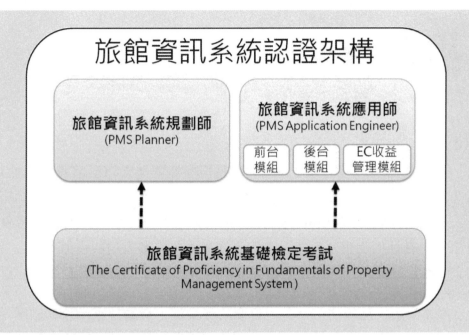

旅館資訊系統發證單位簡介

中華企業資源規劃學會/國立中央大學 ERP 中心

由國立中央大學所推動成立的「中華企業資源規劃學會」於 2002 年 1 月 26 日舉辦成立大會，其宗旨為促進以企業資源規劃（Enterprise Resource Planning, ERP）為基礎的企業電子化（Electronic Business, EB）與電子商務（Electronic Commerce, EC）之學術研究並推廣相關領域的實務應用藉以提昇專業的人才水準。

證照設立緣由

服務業於臺灣所占之國內生產毛額（GDP）比例逐年成長，而旅館住宿又為其中重要的行業別，加上國外來台旅客逐年創下新高，除了服務的品質與熱誠外，提供良好的軟硬體服務更是提升住宿旅客滿意度的必要措施。

旅館資訊系統之本質，其實與企業資源規劃理念相同，皆是「即時與整合」，不只單一是套資料處理軟體，更可以有效運用資源協助事業體進行經營決策。

國內已有許多教育單位建立專門職業系所，培育相關的服務與管理人才，若能再透過學習旅館資訊系統之觀念，必能更加了解服務管理的方式進而提高服務品質，再透過資源最有效的應用精簡成本有效的運用所有資源。

推薦序

從 1980 年代中期之後，台灣的服務業整體就業人口已超過農業和工業，成為就業人口比例最高的產業類別，整體就業人口有超過一半的人從事服務業，投入人數逐年增長。自 2004 年之後，服務業的產值已超過國內生產毛額（GDP）的 70%，在比例上也逐年成長。如此高比例的就業人口與產值，配合著台灣勞動人口素質的提升，不僅推動台灣經濟成長，對降低失業率有很大的貢獻。

服務業中，旅館住宿為其中重要的行業別，有鑑於來台旅客激增，推升觀光旅宿業至國際標準的強烈需求，傳統旅宿管理的方法，已不敷現代旅館服務業上的需求。旅館服務能結合旅館資訊系統，將是未來旅館業提供良善服務的基石，更是促使住宿旅客滿意度提升的必要措施。

良善的旅館資訊系統，必須整合前檯與後檯系統，方能滿足管理上的需求，其概念與企業資源規劃的理念一致：整合相關資訊以即時提供服務。過去旅館資訊系統相關書籍撰寫之困難，在於兼具旅館業實務運作與資訊系統管理的人才難以覓得。本書慶幸能由國立高雄餐旅大學顧景昇主任，以其兼具實務、資訊與教學的經驗，撰寫出本書，相信必能嘉惠莘莘學子與強化旅館業資訊服務的學習，提升國內旅館服務之質量至更高的境界。

沈國基

國立中央大學管理學院院長
中華企業資源規劃學會理事長

推薦序

　　國外來台旅客在 2013 年突破 800 萬人次，創下歷史新高。旅館業服務的對象是人，在與人互動的過程中，除了提供良好的硬體服務外，更重要的是人與人之間的互動，懂體貼服務、追求細緻服務的文化。

　　國內教育針對旅館細緻服務文化的需求，已建立專門職業系所，培養相關的服務與管理人才。然細緻服務文化的需求，除了硬體與人才的提升外，要做到「體貼入心」，還需透過資訊系統，才能將整個細緻的境界提升。

　　而台灣要在全球上與他國競爭，已到了一定要以態度與品質來做細緻化的競爭才有機會取勝的關頭，因此透過旅館資訊系統觀念的學習，可以瞭解服務管理的方式，並進而產生服務態度的質變已到了刻不容緩的地步。

　　旅館資訊管理與傳統的企業資源管理系統在外表上似乎不同，但在本質上都一樣是希望能經由資源最有效的應用提高對客戶的服務而又能精簡成本。這也是中華企業資源規劃學會在國內大力推行 ERP 教育後，特別邀請國立高雄餐旅大學顧景昇主任整合相關知識撰寫此書。

　　顧主任為中央大學畢業博士，在國內相關領域已有十多年的教學經驗，並與多家旅館及軟體公司合作過。是一位著作等身，理論與實務結合而又桃李滿天下的名師。這次的合作要感謝顧老師在繁忙的行程中擠出時間，全力配合中華 ERP 學會的教育理念，在幾個月內就完成此書稿。

　　本書希望能藉整合資訊系統與旅館流程，展現給學生與讀者一個機會瞭解此行業日常運作的全貌。本書可做為是現今旅館相關科系學子，在學習軟實力中重要的一環。也可以促使台灣的旅遊業人才，往更深層管理的方向前進。亦是對服務業、餐旅業管理與資訊有興趣的人，一本不可多得的好書。期盼本書的付梓，能夠讓旅館服務與管理的品質更為精緻，讓每個來台的旅客都裝滿感動的回憶離臺。

許秉瑜　敬筆於雙連坡

中華企業資源規劃學會秘書長

中央大學企管系教授/國際事務處國際長

推薦序

近幾年，台灣觀光市場發展快速，而大陸觀光團的擴大，亦加速了台灣飯店市場的拓展，也因此飯店、商旅在這幾年間，新開幕了 50 幾家，更造成這幾年來餐旅飯店產業人力需求上的短缺。

餐旅資訊系統的管理運用，在此行業中已經是一個必備的管理工具，而飯店餐旅業的資訊系統則是已經從早期的必備性進展到必要性了。

中華民國 ERP 軟體協會劉建毓先生介紹，高餐旅顧景昇系主任所撰寫的「旅館資訊系統」一書，書中欲蒐集並參考國內外的飯店資訊系統，以供整理分析，同時做為飯店產業資訊系統的輔助運用。

非常感謝高餐旅顧主任，將德安資訊公司的飯店 ERP 系統納入參考。

最近，與中部連鎖飯店的籌備顧問，探討到飯店 ERP 系統的需求，該顧問提出現行飯店的管理很依重資訊管理，「飯店資訊系統的選擇，會影響旅館服務人員對旅客們服務效率的品質」。

敝人從事飯店資訊管理系統，已經進入第 28 個年頭，實際上，飯店資訊 ERP 是一個十分重要的輔助系統，協助使用者並提升他/她去服務旅客。在此亦強調，觀光飯店或商旅是以服務為依歸，當旅客們看到飯店服務的人員、櫃台接待或餐廳服務人員對旅客是種不愉悅的感受，那麼不管是用多好的餐旅 ERP 系統，其實都一樣，是無法提升應該有的服務品質的。故，飯店服務人員的訓練，務必完善，那麼飯店 ERP 系統則得必定能提供服務人員提高服務效率與並讓管理主管提供管理分析。

最後，飯店 ERP 系統會隨著時代的進步，不斷地提升產品的功能及介面，故敬請餐旅產業者的參與者，能夠運用顧景昇系主任所編製「旅館資訊系統」一書，以更深入瞭解此產業資訊的進步與未來的發展。

蕭君安 謹識

德安資訊股份有限公司副總經理

作者序

　　隨著資訊科技的衝擊與產業面臨環境挑戰，旅館業更須投入對資訊管理與應用人才的培育，這部分包括旅館業如何運用資訊系統管理旅客服務，提升營業績效等；另外，對教育事業而言，學校培育人才面對進入業界競爭之需，也凸顯旅館資訊系統教材的重要。

　　旅館資訊系統將結合資訊管理理論及旅館管理作業層次的介紹，同時加上一些實例，以強化內容的實作性，這對於初學旅館資訊系統的學生，是相當重要且實用的。此外，為因應產業面臨環境挑戰，不論對於業界及學術界而言，都投入高階管理人才的培育，讓管理人員回流的再教育，因此對於如何應用資訊系統在面對企業競爭、顧客關係管理及策略管理上，能夠藉由本教材獲得啟發。

　　撰寫一本教材是不容易的，原因是學習旅館資訊系統的學生必須瞭解旅館基本作業的流程；同時，又必須讓學習者瞭解旅館作業與資訊管理二層面如何連結；在一些因素考慮之下，本書以資訊管理理論為基礎，透過旅館作業服務的程序說明旅館資訊系統在每個作業程序上的運用方式，輔以德安資訊(股)公司所開發旅館資訊系統為範本，讓學習者能夠在實務與理論之間取得平衡。

　　這本書得以完成，要感謝碁峰資訊協助不計成本出版本書，也要感謝中華企業資源規劃學會將此書指定為旅館資訊系統應用師證照學科認證的指定用書，在此一並致謝。希望這本書對於將進入旅館服務的人有所幫助。

顧景昇

目錄

第 1 章 旅館資訊系統概論

第 2 章 旅館資訊系統架構

第 3 章　房價結構與產值管理

第 4 章 訂房作業系統

第 5 章 旅客遷入手續

第 6 章　退房程序與帳務的處理

旅館資訊系統
概論

　　過去十年來，資訊科技對於旅館業的影響一日千里；在網路普及的今日，無論是無線網路，網路電話或電子商務等，都徹底影響旅客的消費行為與旅館收益的比例。旅館業在資訊科技不斷創新的今日，業者應用許多資訊科技的優點，除了提供旅客住宿安全功能外，也同時提供旅客行動商務的便利；同時更新許多客房內的設備，並結合旅館內各項設施，讓旅客在客房內就可以享受娛樂的設施，或是滿足商務的便利。

　　科技拉近了旅館業的競爭，也迫使旅館業必須與過去的合作夥伴更加緊密的配合；就資訊科技應用的觀點，旅館業透過資訊科技硬體設備與軟體服務的結合，除了提升服務人員的效率之外，也提升對旅客在住宿過程中的服務績效；就供應鏈的觀點而言，隨著競爭情況的轉變，旅館業與旅行社共同合作呈現不同的服務文化與競爭策略。對旅館經營而言，旅館業因為資訊科技的運用，可以針對不同顧客組合的個體或顧客群，提供不同的套裝商品或專業服務，讓旅客可以隨著自己的需求選擇不同的產品組合。因此，在資訊科技的驅使下，其服務之成果，除了顧客滿意外，更需考量如何經由降低顧客變動率與維繫忠誠度高的顧客，以提高企業獲利率。科技協助顧客關係管理已成為旅館業經營管上，旅館業以更有效的溝通方式、更快的速度及個人化的商品與服務，傳遞給客人最高的價值。

在學習旅館資訊系統之前，本章先介紹旅館商品的特性，讓學習者了解資訊科技協助服務人員提供旅客服務的過程中所可以發揮的優勢，即可以達成的目標。

1-1 旅館商品與特性

隨著科技的應用，旅館的設計也有同的變化；旅館的基本功能是提供旅客旅遊住宿的重要旅遊產品，過去旅館被稱作為家外之家（a home away from home）；也就是說，旅館除基本的住宿功能之外，業者最大的目標是在管理服務上為客人營造出會一個「家」的感覺。在這樣的目標之下，投資者或經營者莫不將旅館內部設備設計，讓旅客進入旅館內，即感受到有回到家中的感覺，近年來，旅館業除了運用資訊科技協助預定住房之外，也運用資訊科技協住提供旅客行動商務上的便利，最明顯的例子就是商務中心由旅館的大廳轉換到旅館的每個客房內。

就服務作業而言，旅館提供一種綜合性的服務，在旅館內除了基本的客房與餐飲設施之外，也含許多附屬的設施（例如會議室 SPA）；在資訊科技不斷創新的今日，旅館業者應用許多資訊科技的優點，除了提供旅客便利的訂房服務、帳務處理及住宿安全的保障之外，同時可以結合許多資訊科技的優點，優化客房內的設備，提供旅客更好的服務；同時資訊科技可以結合旅館內各項設施，讓旅客在客房內就可以享受娛樂的設施，或是滿足商務的便利。

旅館資訊系統（property management system, PMS），指一套旅館系統的運用與連結，用以協助管理及控制整個旅館的作業（Frash, Antun, Kline, & Almanza, 2010; Ip, Leung, & Law, 2011）。一個理想的作業系統應具有完備的能力；從最初電話詢問至最後的帳單階段，為住客詳實迅速的處理每筆交易。一個整合完備的旅館作業系統，必須連結訂房系統（central reservation systems, CRS）、門鎖系統、能源管理系統、房間娛樂系統、電話系統、餐飲資訊系統（point of sales, POS）、後勤支援系統等各類系統的特性，提供住客體貼的服務。

傳統上，旅館業是強調以人服務人的服務產業，透過硬體設備與軟體服務的結合，滿足旅客在旅遊過程中基本住宿需求。然而，隨著競爭情況的轉變，

不同經營理念與市場定位將呈現不同的服務文化與競爭策略，相對地在營運績效上亦有所差距。就管理的角度而言，旅館服務人員必須了解旅館商品的特質，以及科技對旅館服務流程所造成的改變，這樣才可以透過科技去提升對於旅客的服務績效；基於此點，我們先對旅館銷售的商品分，分別說明如下：

1-1-1　無形商品

旅館的無形商品乃指服務（service）而言。對一個精緻的旅館而言，旅館提供的商品除了實體產品使顧客感到滿意、舒適之外，服務人員是提供旅館商品的重要人員，即自旅客訂房開始，就提供親切的服務，直至旅客離開旅館為止。我國在旅館星級評鑑的制度裡，旅館內服務人員伴隨服務流程的互動，就佔了極高的分數，因此服務人員必須熟悉服務作業流程，同時藉由資訊科技的輔助，完成旅客的服務作業。

以服務著稱的香港半島酒店 <http://www.peninsula.com> 為例，在半島酒店裡，無論是服務或是設備沒有一項會令旅客失望的。在旅館資訊系統的協助下，當旅客完遷入程序（check in）之後，服務人員會帶領客人至房間內，並介紹房間所有的設備及使用方法，然後在送上迎賓水果和及熱毛巾。而房內大理石的建材衛浴設備，提供 Tiffany 專門設計的沐浴備品，澡缸前還有隱藏式電視，旅客可以在房內不同區域享受視聽設備。

旅館業除了硬體商品的提供住宿滿足之外，也會在許多細微的地方關心顧客；在 PMS 的協助下，旅客可以對適逢旅客過生日住宿時，旅館可以致贈生日賀卡，或貼心的小禮物，當旅客入住旅館時，可以及實地感受到旅館呈現的貼心服務；雖然僅僅是一份小小的心意，對旅客而言，卻有一種溫馨與受到重視的感覺。

1-1-2　有形商品

1.　外觀環境

利用科技呈現旅館外觀是電子商務裡很重要的一環；外觀環境是指旅館建築主體之外觀與其周遭環境及內部設計。旅多著名的城市都有一些著名的

旅館，例如，香港的半島酒店、巴黎的麗池飯店 <http://www.ritzparis.com> 不論是從內部格局、設備、豪華尊貴的服務、便利的地理位置及傳奇性之歷史淵源而言，都是今日全球推崇的頂級酒店之一，旅館可以透過網站，將旅館所想呈現的品牌形象，傳遞給世界各地的旅客，旅客可以透過虛擬實境，再入住之前就先感受到旅館外觀環境，也可以了解旅館的基本資訊。

2. 客房設備

就旅館硬體而言，客房是旅館主要出售商品之一，客房收入約佔旅館整體營運收入 40～45% 左右[1]；不同型態的旅館，會提供不同機能性的客房設施，讓旅客可以在住宿時享受便利，例如商務型旅館內需要的無線網路；休閒型旅館所需要的旅遊資訊服務等，都可以設計在旅館商品內；相同地，旅館可以在網站上呈現每個客房的設計平面圖，裝潢照片及 3D 影片，以吸引旅客。

3. 餐飲

科技也可以提升餐飲的服務流程。在旅館裡，除了舒適的環境之外，多樣的餐飲服務亦為滿足旅客食的選擇。旅館內部各餐廳提供各種口味餐點菜餚，英國著名飲食雜誌《Restaurant》選出全球五十家最佳餐廳，香港半島酒店頂樓的 Felix 餐廳就是提供旅客精美時的典範，在餐廳旅客服務過程中，結合無線網路與 iPad 的點菜系統就可以加速旅客的服務。

4. 備品

備品是指提供給客人之住宿之布巾、沐浴用品等，亦會讓客人感受住宿之尊貴程度，有些旅館提供世界知名品牌（如 GUCCI）的備品，以彰顯旅館款待旅客的尊貴程度。許多旅客在住宿旅館之後，會期待自家也可以擁有與旅館相同等級的備品，旅客可以透過網站想旅館訂購相關的備品。

---

[1] 請參考交通部觀光局對國際觀光旅館營運分析報告。

5. 客房之附屬設施

過去對於居住旅館的商務旅客而言，商務中心是必備的設施，商務中心提供影印、網路設施、傳真機、翻譯等人員與設備，讓全球旅客能夠處理商務。附屬的會議室可以提供不同商務人士開會的需求，讓這些旅客可以在旅館內，像在辦公室一般與客戶接洽業務或召開會議。近年來由於無線網路的興起，商務中心的功能可以轉移到客房之內，客房的設計與設備即可以讓旅客步出房門，就可以完成商務所須。

旅館商品依其經營有不同之特性，旅館從業人員應了解旅館產品的特性及其受經濟因素影響所可能帶來的影響，也應該理解科技可以如何協助旅館因應挑戰。

一、及時呈現旅館產品與無形服務

旅館事業是由人（服務人員）服務人（客人）的事業，每位服務人員的服務品質的好壞直接影響全體旅館的形象；旅館經營客房出租、餐飲供應及提供有關設施之實體產品，最終以旅客的最大滿意為依歸。同時旅館提供全年全天候的服務，無論何時抵達的客人均使顧客體驗到愉悅和滿足；旅館服務人員應善用資訊科技的益處提升旅客服務。

二、科技協助綜合性產品服務

旅館除了提供客人住宿與餐飲之產品外，同時象徵社交、資訊文化的活動中心，旅館的功能是綜合性的。舉凡住宿、餐飲外，其他和介紹旅遊、代訂機票等皆可在旅館內由專人處理。旅館服務人員應該旅旅行社業者共同合作，提供旅遊相關資訊給客人，旅館同時滿足不同文化背景的客人，在食、衣、住、行、育、樂各方面之需求，同時亦象徵一個城市中社交、資訊、文化活動的中心。有人即稱旅館為都市中的都市（A city within a city）。值得注意的，旅館在設施上受相關法令規範，擔負公共法律之責任。例如旅館提供之餐飲服務須受食品衛生相關法令之限制，建築設備標準須符合建築及消防法規的要求。

三、及時預測市場需求影響

科技可以協助旅館業及時因應因為季節性波動的營運影響。旅館業的主要任務是提供旅客住宿及餐飲，不同型態的旅館業將受不同住宿需求而影響；觀光旅館住宿之旅客，其旅遊動機互不相同，而經濟、文化、社會、心理背景亦各有迥異，尤應注重客人需求的變化，以掌握市場的脈動，旅館業可以透過每年的營業分析報表，預估未來的住房需求，管理人員也可以規劃未來的營運策略。此外，旅館經營受經濟景氣影響、外貿活動頻繁、國際性觀光資源開發、航運便捷、特殊事件（如 911 攻擊事件、嚴重急性呼吸道症候群感染事件）等因素影響，其營運績效亦擔負經濟影響之風險。尤其對休閒性的旅館而言，其季節性的需求有明顯之差異，因此旅館的營運須瞭解旺季住宿之需求，同時透過資訊科技的服務，迅速地調整行銷策略。

四、縮短旅館商品供給無彈性的限制

電子商務可以大幅提升旅館的可見度，也可以及時回應旅館預定的需求；就旅館的營運角度而言，當旅館商品無法於當日售出，即成為當天的損失，無法於隔日累計超額售出，形同廢棄，對旅館營運影響甚大。客房商品一旦售出，則空間、面積無法再增加。旅館房租收入額，以全部房間都出租為最高限度，旅客再多，都無法增加收入，當日若有超額訂房，亦無法提供客房產品給客人。旅館的建築物無法隨著住宿人數之需求而移動至其他位置，所以旅館銷售客房產品，受地理上的限制很大，因此科技的協助與電子商務的蓬勃發展，或有助於改善地理位置限制所帶來營運上影響。

1-2 旅館組織與功能

科技對旅館營的協助來自於改善旅館的服務流程，就旅館的服務角度而言，服務人員應該了解旅館各部門的分工，以及旅客資訊可以由何處建立，及何處獲得，本捷將說明旅館的主要部門功能。

旅館的組織因其經營特性、規模大小、各部門分工作業互有不同，但整體來說大都相似。不論旅館各部門如何分工，其基本職掌大致相同。基於上述的

服務程序，旅館作業可分為兩大系統，一為「外場部門」（front of the house）：外場部門又稱「營業單位」，主要以直接接待客人的單位，其任務係以提供客人滿意的住宿設施及其他相關的服務為主，包括客務（Front office）、房務（Housekeeping）及餐飲（Food and Beverage）等三大部門與相關附屬營業單位（Crick & Spencer, 2011; Jayawardena, 2000; Paraskevas, 2001）。另一為「後勤部門」（back of the house）：後勤部門係指「行政支援」，主要功能為支援營業單位作業，在各部門相互分工、支援的原則下，妥善提供接待旅客的各項服務工作，讓客人感到有賓至如歸的感覺。包括人事、訓練、財務、採購及工程等安全。

　　旅館各部門員工都有其職掌，各司其職。為達到旅館營運績效（如住宿率提高），互相協調聯繫、合作支援，共同爭取業績、提升服務品質為目標。旅館的組織結構各依其規模大小、經營客源對象、業務性質之不同，各有不同的組織型態。就旅館資訊系統學習的角度而言，資訊系統的特性主要是是支援旅客服務，對於前場的應用將詳述於下：

1-2-1　客務部

　　客務部（front office）又可稱為前檯或櫃檯（front desk），係屬於直接服務與面對旅客的部門，與房務部（housekeeping）共同組成客房部（room division）。客務部是旅館的關懷客人的最前線，亦是客人與旅館的聯繫的重要管道，負責訂房、賓客接待、分配房間、處理郵件、電報及傳遞消息、總機服務等工作，提供有關館內一切最新資料與消息給客人，並處理旅客的帳目，保管及投遞旅客之信件、鎖匙、傳真、電報、留言、電話，及為旅客提供服務之連絡中心，並與館內各有關單位協調，以維持旅館之一流水準，並提供最滿意之服務。

　　客務部係負責處理旅館一切旅客接待的作業，為旅館的門面。客務的工作主要為提供客人由遷入（check in）至遷出（check-out）之間各項服務工作，並協調各相關單位能順暢提供客人服務工作，服務品質之優劣，主要會影響客人對該飯店住宿印象的好壞，因此提供給客人迅速滿意的服務工作，是客務之首要工作。

所有服務人員均站在接待旅客的第一線，呈現給旅客的不只是親切的服務，也包括了全館企業文化特色，所以客務部門扮演的角色可見一斑。客務部經理（front office manager）：負責旅館內客務的一切業務，除了對客房銷售業務能充分掌握之外，同時應對旅館內各部門主要負責業務瞭解，並能與各部溝通協調事務。

客務部負責的業務如下：

1. 訂房功能

訂房人員需充分瞭解客房各類型態的產品內容、價格及數量及特定期間內促銷方案的特點，訂房人員必須隨時與業務部門及客務主管溝通住房的情形，並在規定時間內與已訂房之客人確認（confirm）訂房。任務分派上包括訂房主管及訂房人員，主管須負掌握訂房情況之責。

接受旅客訂房工作、客房銷售之記錄及營運資料分析預測、旅客資料建檔、有些飯店將訂房的功能與業務部合併，以整合訂房及銷售業務的功能，大型的旅館設訂房中心，獨立於客務部之外。客務部需隨時與業務部與房務部門訂房資訊，以在訂房預估中反應卻的產品銷售資訊；同時為接待顧客做好準備。

2. 櫃檯接待功能

綜合旅客住宿登記一切事務，客房的分配及安排、引導客人至客房介紹，提供旅客住宿期間秘書事務性服務，旅客諮詢、旅館內相關設施介紹等。櫃檯接待服務職責包括問候前來住宿的客人，為旅客提供住宿登記的服務客房之分配，解答旅客之詢問，並促銷旅館內的各項服務，例如：餐廳、酒廊、洗衣等服務等，若旅客在住宿期間有任何抱怨，則須處理旅客的抱怨。除此之外，日常作業上對房間鎖匙之保管及編製各種統計報表提供營運決策之報告。

接待服務過程中應與房務部透過資訊系統溝通房間狀態的訊息，以保證住房的正確資訊。

3. 服務中心

服務中心的其服務範圍包括機場代表、門衛、行李員、駕駛及詢問服務員（concierge）等，負責旅客的交通接送行李運送、物品傳遞、代客停車等業務，工作係協助櫃檯處理旅客在旅館內訊息傳遞工作。

4. 總機功能

總機負責所有旅館內外的通訊服務，其職務亦包括留言服務、晨喚服務（morning call）、付費電視（pay TV）控制，及緊急廣播之控制。如果飯店提供客戶內直接收發傳真或使用網路服務亦可由總機撥接使用專線。

上述各項功能涵蓋客人住宿期間之服務內容，因輪流值班之需，旅館於夜間設夜間值班主管一名為夜間營運之最高主管，另設夜間櫃檯服務人員，兼負接待、服務中心、訂房等功能外，另需製作客房銷售報表、提供運成果之分析。

1-2-2　房務部

房務部之主要職責為維護清潔工作，包括注意各房間、套房、走廊、公共區域，及其他各項設備保持清潔，並提供旅館住客衣物之乾溼洗燙等服務。房務工作的品質呈現旅館服務的水準，服務工作的目標，是讓旅客在住宿期間，滿足客人住宿基本的清潔、舒適及安全等需求；此外，此部門並提供餐飲部每日所需清潔的桌布、床單、衣物及照顧嬰兒的服務。

房務部的組織模式，因各旅館規模、管理方式和企業文化的不同而有不同之組織編制，其主要工作包括旅館硬體清潔、維護及布品管理工作，一般而言，房務部之工作區分為以下五大功能：

1. 房務部辦公室（housekeeping office）

房務部辦公室是房部的作業的訊息中心，包括：

(1) 客人的服務中心：當旅客需要補充或增加客房內部的備品使用時，房務部辦公室負責協調房務人員迅速處理，滿足客人的需求；

(2) 對客務作業服務統一傳遞工作分派：當客務部提出對客房作業的要求時，辦公室必須將訊息完整地傳遞並溝通作業的進度，例如當客務部期望能先行整理某一間客房，房務部辦公室必須立即通知該樓層領班，並將處理結果通知客務部；

(3) 控制客房清潔工作狀況：辦公室應清楚掌握每日即將遷出旅客的客房狀況，才能提供客務部可以銷售的客房給客人；

(4) 負責旅館內部的失物招領：旅客若向旅館詢問其遺失物品，各單位可經房務部辦公室聯繫遺失物品處理中心（lost and found）查詢；

(5) 管理樓層鑰匙：房務部辦公室負責管制各客房清潔使用的通用鑰匙（master key）。

2. 客房樓層（Floor Cleaning）清潔工作

房務部設若干樓層清潔服務人員（room maid），主要職責為負責全部客房內部、化妝室及樓層走廊的清潔衛生工作，同時還負責房間內備品的替換、設備簡易維修保養等必要的服務；有些旅館規定二個服務人員共同清潔客房，有些則由一位樓層服務人員獨立完成清潔客房的工作；

依建築及設備標準規定：旅館的每一樓層若超過 20 間客房時，必須設置一間備品工作間，便於樓層清潔服務員工作。另外，房務部設立樓層領班（或稱組長），負責分派及檢查客房清潔工作的進度，同時檢查並補充客房迷你冰箱內（mini bar）中的飲料與食品，檢查及防範客房內物品是否被旅客攜帶離開。

3. 公共區域清潔（public area cleaning）工作

公共區域的人員負責旅館各區域、部門辦公室、餐廳（不包括廚房）、公共化粧室、衣帽間、大廳、電梯前廳、各樓梯走道、外圍環境等的清潔衛生工作，服務人員每日定期依照作業時成及規範持續地維護各公共區域間之清潔工作。某些旅館將餐廳廚房清潔與夜間整體環境清潔的工作外包給專業的清潔公司，以區隔開旅館提供服務與清潔工作的時間及工作的負荷。

4. 制服與布巾室（uniform and linen room）工作

旅館內設立制服與布巾室，主要負責旅館內所有工作人員的制服，及餐廳和客房所有布巾的收發、分類和保管等工作。對有損壞的制服和布巾及時進行修補，並儲備足夠的制服和布巾供營運周轉使用。布品的控制及補充應予定期盤點：每月底布品間領班會同有關單位主管盤點布品存量。填寫布品存貨月報表，布品間領班依據各單位之存貨報表歸類統計每類布品現存量。

當本月盤存量如低於規定之安全使用時，需至倉庫領出，儘量補足應有之標準存量。布品間領班應將布品庫存數量修正。庫存之布品數量如少於安全庫存量時，則由布品間領班開列「採購單」請購。採購新布品時要注意是否有任何新的改變，以及布品質料的保證及各項注意事項。

5. 洗衣（laundry room）服務

洗衣房負責收洗客衣，員工制服和各餐廳布巾類物品。洗衣房的歸屬，有些隸屬於房務部，但有些旅館不設洗衣房，洗衣業務則委託其他的洗衣公司負責。

6. 遺失物品處理（lost and found）

此單位負責處理旅館內部時或遺失物品的保管、領取等工作。當旅客物品遺留在旅館內時，旅館會先將此物品送至此單位保管處理，待旅客向旅館尋問或請求協助尋找時，客務部會向此單位查詢是否有尋獲此物品，再回覆客人。一般而言，為了避免引起不必要的誤會，旅館並不主動將尋獲的物品直接寄送至客人登記的地址。

1-2-3　餐飲部

餐飲部設餐飲部經理負責各式餐廳、酒吧、宴會廳、客房餐飲等服務，下設有各式餐廳及廚房；各餐廳設有經理，各廚房設有主廚。各餐廳再依權責不同，設有飲務、餐務、宴會、調理及器皿等內外場單位。餐廳中器皿的清潔由

餐務部（steward）負責，餐務部同時管理各餐廳器皿的保養及調度，以及廳內（包含宴會廳）的器皿佈置管理、清潔及衛生。

餐飲部提供的客房餐飲服務（room service），此部分需與客務部作業流程緊密配合。同時對於各項餐券（coupon）飲料、自助餐（buffet）招待券（complimentary coupon）之使用數量控制。並協助重要貴賓（VIP）住宿客房之餐點服務及擺設。在資訊系統的聯繫上，餐飲部所負責各個餐廳所服務的住房客人，可以透過簽帳作業，將餐飲帳務轉入到客人的房帳中，等到旅客退房時一併支付。

除了上述的三大面對客人的部門之外。旅館資訊系統將面對非旅客作業的部分劃分於後勤行政支援系統上，這些系統偏向於不是直接處裡旅客的帳目處理，而是以部門功能為主的系統設計。以下針對這些行政支援部門加以說明：

1-2-4　行銷業務部

處理海內外各大公司行號訂房及餐飲等業務之行銷推廣，拓展業績，開發、拜訪、接洽及客戶的安排，並負責旅館對外之公共關係等相關事宜。負責公關業務的人員則與各媒體保持良好互動，促進業務、廣告包裝等工作。

簽約業務的管理室業務部相當重要的工作，業務人員必須規劃是當的住房價格已吸引簽約公司，同時需隨時了解住房客人的需求。

與媒體互動是行銷業務部另一項重要的工作，此工作由公關經理負責；公關經理除了每月提出廣告預算，同時與媒體保持良好互動，適時呈現旅館訊息。

美工設計部門會配合旅館內部促銷活動佈置場地，事公關部非常好的幫手。

1-2-5　財務部

處理飯店財政事務及控制所有營業用收入及支出，一般區分為應收帳款、應付帳款、成本控制與倉庫管理四部分。其中，此部門負責每日營運報表的編製，夜間稽核（night audit）每日對檢查客房帳目的正確性，同時製作各營業單位的營業報表送交相關部門，提供經營分析之用。

1-2-6　人力資源部

負責聘僱之各方面工作，招募及聘請新僱員及飯店與員工間之關係，頒訂相關規章與各項福利措施；同時負責訓練及發展員工各項技能。。

1-2-7　採購部

採購部負責旅館內部所需用之物品採購，對旅館內部商品及食材均須具備專業知識，隨時提供市場行情讓主廚了解，以利主廚規劃成本。

1-2-8　工程部

負責維持旅館內部各項硬體設備之保養與維修工作，使之正常運轉，包括空調、給排水、電梯、抽油煙機、音響聲光、消防安全系統、冷凍、冷藏庫等設備。

1-2-9　安全室

負責維護全飯店客人與員工之安全，安全系統（如閉路監視器）之設置。同時肩付緊急意外事故之處理，與可疑人、事、物之通報與預防；並執行公司紀律、財務安全事宜。

1-2-10　執行辦公室

執行辦公室為總經理及副總經理工作的地方，負責訂定並處理旅館管理的決策。

1-3　旅館商品與資訊策略

網際網路的興起，可以提供旅館業者更有效的預訂服務與流程，同時藉由客房預定的結果，當瞭解旅館的各項特性之後，在旅館各部門營業操作上必須融合各特性間的關性（Crick & Spencer, 2011; Kalotina, 2012; Khalilzadeh,

Giacomo Del, Jafari, & Hamid Zargham, 2013; Ramanathan, 2012; Slevitch, Mathe, Karpova, & Scott-Halsell, 2013），例如需求的波動程度可應用於市場住房預測上。在考慮超額訂房時需同時考量商品的不可儲存特性，訂價策略上可瞭解季節及需求多重特性之影響，以科學的方法掌握分析各次市場資訊，了解顧客需求及商品策略，將有助於提升旅館的營運績效。

1-3-1 歷史資訊對強化商品之重要性

當旅客住宿後，旅館資訊系統可以將旅客住宿的資料儲存為旅客歷史資料。旅館資訊系統裡的顧客歷史資料，是旅館也者可以用來分析市場的重要工具（Bowen, 1997; Magnini, Honeycutt, & Hodge, 2003; Panvisavas & Taylor, 2006; Piccoli, O'Connor, Capaccioli, & Alvarez, 2003; Shan-Chun, Barker, & Kandampully, 2003; Siguaw & Enz, 1999; Sparks, 1993）。旅館業所可以藉由住宿過旅客的資訊，分析旅客的住宿需求，及預測旅客目標市場的差異性；交通部觀光局定期統計來華旅客中國籍與停留天數的分析，同時也蒐集各旅館住宿旅客的國籍別等基本資訊，也提供各旅館作市場分析之用。

除此之外，旅館以可以依照旅客住宿歷史資料分析住宿旅客的 (1) 性別、年齡與居住區域、(2) 住宿目的、(3) 停留天數與住宿次數，及 (4) 消費程度等，以確定目標市場之特徵：

1. 分析及善用旅客的基本資料

性別、年齡與居住區域等資訊，可用於確認旅館特定產品或服務之需求，設計不同產品包裝，也有助於對行銷推廣的應用，使商品銷售結合目標市場與消費者作有效的溝通之依據。

旅館行銷人員可以藉由旅客分佈的地理區域，以及各區域不同的消費能力，例如某些區域旅客非常少，但是消費能力確高於平均水準，訂定每一年度行銷開發重點。

2. 分析旅客的住宿目的以拓展市場

旅客的住宿目的會影響其對旅館商品需求的差異程度，同時也會影響其消費型態。如商務人士來往旅館頻繁，商務用餐機會可能較休閒型旅客多，其往來於世界各地的頻率亦較高。觀光客到目標地的旅遊之目的會影響其住宿的決定，如休閒與商務所選擇住宿地點即會不同；因此，住宿目的就成為旅館業即是重要的資訊。

不同的住宿目的將影響其選擇商品與訂房通路的選擇；旅館業可以依據旅客由不同的訂房通路來源，作為其市場區隔的指標；如透過旅行社、連鎖訂房系統及個人單獨訂房等不同方式預訂房間旅客，對旅館之需求亦有所不同，旅館也者也可以藉由此資訊訂定不同的價格策略。

3. 透過住宿頻率強化顧客關係

旅客停留天數與住宿次數可以作為衡量顧客服務的指標，一個長住型的旅客或住宿頻繁的旅客，一定較認同旅館的服務模式，這對旅館而言是非常大的肯定；此外，旅客對於長住型的旅客的客人可以提供價格的優惠，旅館服務人員也可以透過 PMS 裡的紀錄提供客房升等（up-grade）的禮遇，長期發展顧客關係。

4. 透過消費分析營運績效

消費程度可以推知消費者的生活型態，與瞭解消費者態度、興趣與所參與活動；根據收入所得資訊級同時可以修正旅館產品之特性，亦可依此變數決定行銷價格策略及選擇行銷通路。

在許多連鎖旅館的體系裡，旅館業行銷人員可以將現有及潛在顧客區格的方法，透過顧客資料變數、產品使用頻率及購買特徵，可將顧客區分為不同的組群，經過區隔後，即可分析何種顧客群對不同地區的連鎖旅館業最有利益、及具開發潛力；此變數分析亦可用作描述同類產品消費者和旅館現有消費者特徵之比較，對發展不同地區旅館行銷策略有相當大助益。

1-3-2 分析旅客選擇旅館的原因

旅館強化商品的目的，是對不同的目標市場產生不同的吸引力，例如商務旅客需要方便的通訊設備，電話、傳真機、秘書服務等商品力，對休閒型旅客則需要多項的休閒設施作為吸引的項目，對於不同目標市場傳遞不同商品的方式，最重要的是掌握旅客的個人資訊及競爭環境資訊，作為衡量目標市場的依據，以有效衡量的方式，尋求最佳區隔市場，使得旅館在不同的市區隔中，將企業資源合理分配。

分析不同旅客選擇旅館的因素，有助於提供旅客不同商品內容，及不同的服務程序。旅館業除提供實體產品給消費者外，同時強調服務傳遞之特性，此特性為藉由實體產品傳遞，讓顧客能感受到商品服或價值；亦即透過有形產品傳遞無形的商品附加價值，旅館商品又是指將無形的附加價值作為商品的核心，以滿足消費者的需求，增強其再度光臨的意願。

而不同型態的顧客願意再度光臨該旅館所考慮的因素中，除了客房之清潔安全之外，商務型旅客較重視會議地點的便利性及旅館設置會議設備的程度，休閒型的旅客也會將旅館附屬休閒設施當作一項重要的考慮因素，顧客對無形商品價值的期望，遠勝於對實體商品的需求，此無形的價值，是旅館商品應強化的重點。

旅館業者瞭解旅館的經營特性時，亦需先選擇旅館的考慮因素，作為旅館行銷的基礎及未來業務拜動的依據；每位顧客對旅館商品選擇不同，就旅館業而言，客房與餐飲服務是直接提供給顧客的實體產品，讓不同的顧客在住宿期間，能夠感受旅館提供之實體產品所產生不同價值的利益，為旅館行銷的重點，亦即由消費者之觀點旅館行銷必須著重於對消費者資訊的掌握，將實體產品屬產轉化為消費者期望得之實質利益。

基於此消費者資訊之掌握，旅館商品強化必須藉由實體產品的傳遞，讓旅客感受到無形之價值；業者要強化旅館商品，除了要增強客房原有的舒適、安全功能之外，讓顧客由使用實體產品的過程中，將無形的價值以下列的方式傳遞給顧客：

1. 客房差異化策略

客房是提供消費者最基本的實體產品，客房大小及裝潢為因應不同市場區隔而呈現不同的風貌：其設計除可區分不同等的規劃外，另有對特定目標市場規劃的客房，例如過去旅館有專為女性旅客規劃的仕女樓層、為商務人士規劃的商務客房、為長住型客人規劃的公寓式套房等。這些客房獨特的內部設計，都希望吸引不同需求之消費者，近年來提供旅客管家式服務的貴賓樓層，提供商務人士專術設計的客房內商務設備，都是可以呈現客房商品獨特的特性。

2. 餐飲服務策略

餐飲服務是旅館提供之另一重要實體產品，其包括不同風味及型態的餐廳，及與客房產品結合之餐飲服務、亦有專為會議及宴客需求之顧客提供餐飲商品。旅館可以結合餐飲策略以提升旅館在餐飲上的獨特性，例如：國內台北亞都麗緻旅館提供道地的法國菜著稱，讓喜歡法國的老饕，能夠滿足食慾。

3. 禮遇服務策略

特別禮遇原指讓特別顧客在付出相同代價之情況下，享受較一般顧客更獨特之禮遇；禮遇的型式隨顧客及旅館之性質而有所差異；延長住房時間（late check out）、快速住房及退房作業、免費使用健身設備或游泳池及免費住房等，都可以用來包裝客房商品作為對不同市場區隔下對象之禮遇服務。

旅館業者應將這些特別的禮遇方式擴大成為商品的一部分，例如旅館業者可以因應國際航線班機時刻而調整旅客退房的時間，並且可於事先確認退房的手續，將住房費用結清，如此可以省去讓旅客等待退房的時間，也可以讓旅客感到更為妥善的服務，這樣的服務，即成為強化旅館商品價值的一部分。

4. 資訊服務策略

旅館資訊服務包括館內資訊的介紹、旅遊資訊之提供、代訂班機機票、代購戲院及表演場所入場券等服務。增強旅館商品。名品商店街及館外短程

定點旅遊的遊覽服務，娛樂商品的提供可以免除旅客購物的困擾，亦可以擴展旅館周圍的商圈。

此外，管家服務可以為商務型的旅客節省許多處理商務瑣事的時間。管家服務涵蓋的範圍除一般旅館商務中心提供的影印、傳真等服務之外，強調個人專屬的秘書服務、如專屬翻譯、會議聯絡、信件收發等，都將包括在內。如此，可以使得旅客感受到旅館人性化的服務，拉近旅館與旅客之間的距離，讓旅客直接獲得額外的商品價值。

旅館商品策略的呈現，即是要以實體產品結合這些無形的利益傳遞給旅客，擴大旅客在旅館內所能獲得實體產品的價值，旅館商品才更具吸引力。

1-3-3 旅館顧客關係管理

顧客是飯店業中最重要的一項資產，其主要獲利來源就是顧客，因此如何掌握顧客需求，如何獲得顧客的青睞，與顧客建立良好的互動關係及增加企業利潤，皆賴於顧客關係管理的推行運用。而顧客是企業獲利與成長的重心，選擇正確的顧客組合，維繫良好長久的關係對企業獲利有重大影響。

就顧客關係管理的終極目標來看，任何一個消費者，均能在其需要的時候，透過公司任何一服務人員或機制而得到滿足。同時，企業所追求的並非僅僅限於固定客戶維持鞏固，而是更多潛在客戶的預測與追求；此外，許多企業顧客關係管理運用資訊科技朝向一對一的通通與服務，以提供更精緻的個人化服務。就企業而言，廣義的顧客關係管理包括了企業面對現有與潛在的所有顧客。同時提供企業一個對外能夠統一與顧客溝通互動，對內可一致分享資訊的平台，主要的效益乃在增進對顧客回應的效率。

成功的顧客關係管理牽涉到系統導入成功、流程整合，以及相關的工作人員的連結；許多研究也發現：由於資訊科技的發展，許多企業亟待需要導入 CRM 系統，企業在導入 CRM 系統過程中所遭遇的困難包括：(1) 組織主管的支持與資源的問題：高階主管無法確認 CRM 對企業績效的助益，因而對於導入 CRM 系統缺乏信心與決心，而不予承諾的消極心態；(2) 導入需求：由於組織不清楚自己的需求與所需要解決的問題，同時缺乏統合人才及資源不足，而影響導入的成果；(3) 組織與系統整合：由於系統涉及作業程序的問題，CRM 導入的整

合不當與運用的問題對組織溝通及組織文化都產生相當大的影響。如果企業系統供應商的協助，則在導入在 CRM 系統時，容易發生系統供應商、顧問與企業三者在推動 CRM 系統時會產生權責不明與糾紛，以及系統供應商與顧問缺乏產業 know how 等情況，而導致系統失敗。

顧客關係管理重視企業對獲取、增進與維持現有與潛在目標市場的客人。顧客關係管理的成果，除了考量顧客滿意之外，同時藉由降低顧客變動率與維繫忠誠度高的顧客，以提高企業獲利率。開發新顧客的成本要比保持舊顧客的成本更高，而企業只要成功的降低顧客變動率，即可提升更高的利潤；在顧客關係管理的問題上，許多企業必須面臨整合其銷售、行銷與顧客服務支援等作業程序，透過流程的整合，企業不僅將開發新顧客的思維轉向維持繼有的客人，同時透過整合不同銷售的方式，開發新的客人。

旅館業以服務旅客為導向，管理者由旅客的訂房資訊中，為旅客提供住宿所需的服務，同時整合旅客歷史資訊，並且運用其紀錄，透過旅館的作業程序，更能提供給旅客個人化的服務，在整合各項企業功能，及企業服務導向、流程與策略的概念下，彰顯顧客關係管理的核心效能，旅館業藉此系統加強與客人維持長期的關係並增加獲利能力。對顧客關係管理的研究中，我們必須思考幾個旅館業顧客關係管理的問題：

第一、誰是旅館的顧客？顧客雖然有潛在、既有顧客等區別，在分析顧客關係管理的研究上，是不是真正分析了既有的顧客？對旅館業顧客關係而言，我們就必須思考這些既有顧客，是否曾有消費記錄？一些旅館業試圖建立旅館的會員制度，這似乎對旅館業的旅客開發是有助益的，但是深入地分析旅館內部客房與餐飲營收的來源會發現：旅館住房的旅客有許多是外籍旅客或是旅館的簽約客人（商務需求），這些旅客的訂房模式是因透過本地公司因為業務所需而選擇旅館的，換句話說，由網站上登入的會員並不等同於真正的客人，會員也許是對旅館好奇、在瀏覽網頁時被動式地先加入會員，或是想獲得旅館的資訊，旅館業真正該面對的是，思考分析旅客的資料來源，這會影響到是否找到真正的客人。

第二、旅館業導入顧客關係管理系統的思考？旅館業是否需要導入顧客關係管理系統？或者是旅館業是否在既存的系統上發揮顧客關係管理的功能，去

獲得競爭優勢。許多的研究都顯示，成功地導入系統耗費的成本與流程很大，而旅館業中，特別是旅館業，PMS 已經是協助服務人員處理旅客作業上的一項功能能強大的系統，旅客的資料被儲存在系統中，提供各部門服務人員執行服務工作的安排，行銷人員分析市場，或管理者決策所需。PMS 對提供顧客關係管理基本的顧客資訊上是否足夠？而研究上旅館業如何運用 PMS 發揮效益？將成為重點。

第三、分析顧客的內容：顧客關係的分析內容是朝分析顧客的貢獻而已嗎？傳統上，許多管理者或是研究都深受 80/20 法則的影響，分析客人的觀念上，積極地去發掘貢獻度高的客人，並找出關聯性的產品，以差異化的行銷方式創造利潤。對旅館業者而言，旅館本身產品的屬性差異化程度低，旅館在顧客關係上是期待繼續以保留客人的角度思考，方法上是以提供精緻服務而獲得旅客的忠誠，當然也有旅館以經濟因素（如住宿日數累積）而提供差異的服務內容；在此觀念下，旅館業者面對旅客提供的顧客關係管理活動就必須積極地面對每一位旅客的行為深入分析與了解，而提供個人化的服務內容。

第四、顧客的回應：一般最常提及的顧客關係管理希望利用某些行銷的活動增將旅客的再購意願與行為，對旅館業而言，旅客選擇旅館的動機包括旅遊地點的選擇、當地旅館的比較（包括價格、位置、清潔程度及服務等）；許多旅客沒有再購（即沒有再度住宿）是因為沒有到此目的地；另一方面，對再度選擇相同旅館的旅客而言，服務就成為相當重要的考慮因素。也就是說，如果旅館業者掌握更多顧客的資訊，將能提供更細緻的顧客分析及服務提供；同樣地，如果旅客察覺旅館關懷旅客的程度愈高時，旅客會期待告知旅館業者的期望就會愈高，顧客的回應著重定於旅客是否願意分享自己更多的需求給旅館業者。

在顧客關係管理的活動的本質上，旅館業要維持優勢，必須專心顧客的維護與發展，降低顧客的轉換；因此，在服務的流程的思考、對顧客的了解及個人化的服務將相對地重要。致力於運用資訊科技於，並依此能力，在複雜的行銷環境中，創造競爭的優勢，而遠超過競爭者。因此，本研究主要探討旅館業者在提昇服務品質上，除了維護或更新設備，使旅館產品更具有競爭性之外，如何妥善運用旅館資訊系統，有效整合各種行銷策略，確認目標市場，提升服務，維持顧客關係，進而創造旅館的最大利潤。

1-4　旅館資訊系統的轉變

在旅館中常見的資訊系統是旅館訂房系統，負責處理旅客住房資訊作業，包括由旅客訂房到結帳各個階段的資訊處理；訂房系統對於曾經住宿的客人保有訂房歷史資訊，這個功能提供旅館業者建立長期客戶資訊之作業系統，並可以提供業者歷年住房率、房價銷售等資料，做為行銷分析的策略性角色。

另一方面，旅館訂房系統可以聯繫或擴充許多同服務功能的系統服務，例如旅館可以將訂房系統，聯繫整合進房前的電子鎖系統（electronic locking systems，ELS），進房後的能源管理系統（energy management systems, EMS），房間內所具備的小酒吧服務（in-room mini bar）、保險箱（in-room safety box）、付費電影（in-room movie）、電話計費系統（call accounting systems, CAS），餐廳用餐時的餐廳營業系統（point of systems, POS）。其他如旅館庫存存量的紀錄、房間使用狀態、房間銷售紀錄，形成完整的旅館資訊系統。

電子鎖系統是可以協助旅館業者使用磁卡來啟動電子鎖，每張卡片都有其特殊密碼，而每道門也都想當於一個智慧電腦系統，可記憶卡片密碼，並接受更新的密碼，卡片一過了時效或是門鎖經過另一新密碼的磁卡所啟動，則前一張自然就無法生效；而且卡片的密碼可重新修改過又是另一道門鎖的開關，重複使用且方便攜帶，亦可防盜。許多旅館業可以透過這個系統設定旅客可以進入的樓層區域，進而達到協助安全防護的功能。

能源管理系統可以透過旅客是否在房間內部管制能源的運用；能源管理系統的設計可替業者節省下不必要浪費的能源，通常可以是房間能源總開關的設計，為客人外出時節省檢查電源開關所浪費的時間，也為飯店小能源節省，集腋成裘，常是一筆累積起來甚為可觀的財富。

電話付費系統可分為個人對個人電話的撥打、三方通話、信用卡付費撥號、和對方付費電話，並可分為市內電話撥打或長途電話撥打，這些必要的付費資訊房客可透過總機的諮詢來達到撥出的目的，此時電腦系統將會自動計時通話時間並將通話費用轉入房帳，可供房客查詢。近年來由於網路電話的興起，旅館業者不斷地與資訊廠商何做不同網路電話的設計，以符合住房旅客的需求。

　　餐廳營利系統可為餐廳營業稽核做好會計的工作，為餐廳尋求最大利潤，並可為用餐的房客提供舒適服務，即可使房客到各個餐廳用餐可以不用攜帶現金，餐廳可直接為房客的用餐消費轉入房帳，等到辦 Check out 手續時再同時付清。

　　訂房系統可以協助旅館業者不斷地降低人力成本，發揮服務的效益，同時也讓旅館業可以切入不同市場的競爭武器；就連鎖旅館的角度而言，擁有完整的旅館資訊系統，將使得全球訂房系統便可以了解所擁有的房間類型以及房間價格，並且能確切的掌握已經所賣出的房間以及確實的使用到每一個房間，以及最後一個可使用的房間，而不會造成資源浪費或是空房的情況。而在這一連串的電子化的轉換成資訊科技的狀況下，在旅館業中會造成一定的影響，會增加結盟、連結的旅館、或者是旅行社及航空公司，進而組織成一個更完整細密的資訊網。

　　另一方面，產值管理系統（yield management system, YMS）提供旅館業者一個策略性的思考工具；產值管理系統強調在產生利潤作用之下，房間價格產生改變會因為旅館已被預訂的數量而改變。一般來說，家庭聚會中的家族旅行、或者是大型的旅遊團體，會在一年前或是幾個月之前就先開始進行策劃、及房間預訂；對於提前定的客人而言，可售的客房較多，這些旅客也因此可以得到由旅館所提供的優惠價格、特別的折扣、或是更優惠的套裝價格。而關於這些折扣的運用，就是由旅館資訊系統中產值管理系統的運用。但是，相反的，有一些客人、或是團體的旅遊團往往都是在最後的一刻才開始訂房或是直接住宿而沒有事先預約。在這一種狀況之下，產值管理系統將會專門針對不同時間因素訂房的客人所進行調整價格，尤其是當旅館接近於客滿的時候，產值管理系統將調高至可收取的最高的房間價格。產值管理系統提供業者在面臨不同時間點具備競爭性的價格體系策略。

　　資訊系統不只應用在飯店的各項作業，近年來也逐漸應用在一般的餐飲產業當中。例如：傳統餐廳的點餐方式都是使用點菜單，將顧客所需要的餐點用筆加以紀錄後，在將不同的菜單聯分別送到廚房或出納櫃檯…等，這似乎已成為了一種既定的模式。但現在則可以應用到資訊科技方面，像是使用 PDA（或平板電腦）幫顧客點餐，或設置點選螢幕於餐桌，PDA（或平板電腦）和螢幕

裡會有菜單能直接點選，而點選之後所需要的菜色資料就會直接傳到廚房和出納櫃檯，加速了菜餚的製作與金額的結算，也可以節省員工的人數和工作量。

在庫存方面：一般的庫存都是以傳統的資料方式收集成冊，因此調閱和檢視也相當不方便。但若將所購買的食材、餐具等加以輸入資訊系統紀錄，當補貨或盤點時即可迅速反映庫存狀態，若更進一步和點餐系統結合，更能由點餐時就扣除貨品的存貨量，得到最新的庫存狀態，也就又能夠由庫存系統的存量，反映到點菜系統上，彼此互相輔助，讓工作能進行的更有效率與流暢。

在激烈的市場競爭環境下，旅館業選擇系統穩定與能夠配合經營模式的系統及完善的顧客售後服務機制，能夠節省成本且具競爭力。因此我們將介紹資訊處理理論及價值鏈的觀念，以說明旅館組織與資訊科技的配適服務的觀念。

1-4-1　資訊處理理論

資訊處理（information processing）的觀點將組織本身定義成一個處理資訊的實體；該觀點將組織成員對環境資訊的認知視為影響組織結構的主要因素，也就是說組織資訊處理的需求是組織存在的理由（Donaghy, McMahon-Beattie, & McDowell, 1997; Law & Giri, 2005）。組織的資訊處理理論最早期應起源於以「資訊流」的角度提出組織設計的概念；在組織設計方面，Simon認為，組織在設計上，除了重視管理理論強調的「專業分工」、「職權層級」、「命令鏈」、「控制幅度」及「集權或分權」等著重在「工作流」（work flow）的組織結構安排之外，更應於規劃有效的資訊流通方式，才能有利於決策及組織目標的達成。

資訊處理是組織的基本程序，其目的即在降低組織決策時的不確定性，組織的活動必然牽涉到資訊的投入，資訊處理及資訊的產出，而組織結構的本身就是一個資訊處理系統。組織資訊處理的需求與資訊處理能力的配適程度會影響組織運作的效能。組織結構的不同會直接影響組織的資訊處理能力。

現今的組織是以資訊為基礎（information-based）的組織，雖然並不需以極先進的資訊科技為前題基礎，但需能有效率地將資料轉換為有用的資訊，並回饋於組織成員中，使每位成員都願意承擔溝通資訊的責任。當組織內、外部

環境穩定，組織倚靠「標準化」（standardization）或「事先規劃」即可順利進行協調溝通的活動。但現實的組織環境並非呈現穩定狀態時，組織已無法依靠上述的「標準化」或「事先規劃」來完成任務，此時，組織必須設計資訊傳遞的協調溝通系統，並落實於組織結構之中。

1-4-2 價值鏈的概念

由於網際網路的發展，企業對消費者間的交易體系強調減少經過仲介或中間商獲利的過程，而因此有些仲介商便轉換成一個新的形式，成功成為整體旅遊系統中價值鏈的一環（Sharma & Christie, 2010; Yildirim & Bititci, 2006），如旅行社與全球訂位系統（global distribution systems, GDSs）的發展，可以讓旅遊體系中的不同企業提高不同的價值；除此之外，另一種中間商是以創造通路、銷售、訂位的模式出現在電子商務上，還有一種仲介模式是提供服務者、供應商、消費者一種綜合性的網路連結，而餐旅業者也可以經由此網路連結提供顧客餐旅相關的資訊，或是餐旅業者對自己或競爭者的資訊來源，有如特定性質的搜尋網站，不斷地發展出新的商業模式。

有許多辦公室內的資訊科技可以讓企業電腦化。首先當然就是硬體部分，企業需投資如個人電腦、印表機、企業主機伺服器（file server）、網路設備等的基礎建設。其他如電話總機、傳真機、影印機等等也都是企業日常營運不可或缺的硬體設備。其次，在軟體方面如：視窗作業系統、辦公室文書處理/試算表/簡報軟體、資料庫軟體、網路伺服器系統、電子郵件系統、群組作業系統、企業資訊管理系統等等也都是公司常規作業的一部分了。從單一企業角度而言，將企業內部流程電腦化無法發揮其競爭優勢，原因是這樣的結果只不過就是將原本紙本資料輸入電腦，建構成為數位資料檔案而已。但對企業而言，內部流程 e 化帶給公司營運的影響僅限於降低營運成本。

要讓資訊科技發會競爭優勢，必須同時可量資訊科技必須有效處理企業營運的各種「金流、物流、商流、資訊流」等內外部活動，這些活動存在於日常各種作業流程中。期望處理這些活動時，能達成前述「成本最小，效益最大」的企業管理最高指導原則。如圖 1-1 所示，企業內部各種流程及活動，被稱為價值鏈（value chain）。企業價值是由一連串包含設計、生產、行銷、運送以及產品支援等加值（value-added）活動所組成。這些價值活動稱為價值系統

（value system），所有活動便構成企業價值鏈。每一個價值系統都將透過各種加值商業行為，例如降低成本、差異化服務等加值活動來取得競爭優勢。

　　企業價值活動可以分為主要活動（primary activities）與「支援活動（support activities）」二部分。「主要活動」指的是企業產品由創造、銷售、送達買方以及售後服務等活動，包括了五大部分：(1) 進料後勤（inbound logistics）：原物料採購、驗收、退貨與入庫等。(2) 生產作業（production processes）：如研究發展、產品設計、生產流程規劃、產品製造等。(3) 出貨後勤（outbound logistics）：訂單輸入、存貨與出貨管理等。(4) 行銷與銷售（sales and marketing）：價格制定/據點/推廣/業務人員與銷售規劃等。(5) 顧客服務（customer service）：顧客抱怨/客訴處理、顧客需求研究等。而「支援活動」則是支援主要活動，包括：採購（procurement）、技術發展（technology development）、人力資源管理（human resource management）、企業基礎建設（enterprise infrastructure）等四部分。

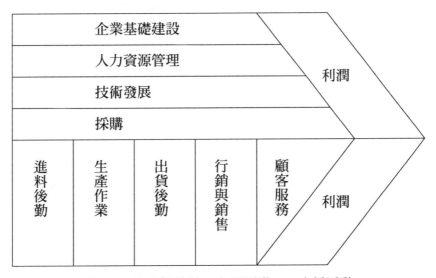

圖 1-1　企業價值鏈：主要活動 vs. 支援活動

　　不管是主要活動或是支援活動，如前所述，企業都運用充分了資訊科技來增進活動的處理效率並減少運作成本。業者在運用旅館資訊系統策略應用上必須思考企業價值鏈所有活動；在主要活動方面，旅館資訊系統可以透過產值管理，決定不同時期客房銷售產品數量（進料後勤），然後加以包裝組合不同的 package（生產作業），於網站中加以廣告行銷，然後販賣給消費者（出貨後勤）。

旅客於住宿期間同時或事後，服務人員可以透過顧客歷史資料提供各種抱怨問題的解決策略（顧客服務）。進一步而言，不同規模的旅館可以透過旅館資訊系統發揮出不同的策略，在競爭的市場獨樹一格。

參考文獻與延伸閱讀

Bowen, J. T. (1997). A market-driven approach to business development and service improvement in the hospitality industry. *International Journal of Contemporary Hospitality Management, 9*(7), 334-344.

Crick, A. P., & Spencer, A. (2011). Hospitality quality: new directions and new challenges. *International Journal of Contemporary Hospitality Management, 23*(4), 463-478.

Donaghy, K., McMahon-Beattie, U., & McDowell, D. (1997). Implementing yield management: lessons from the hotel sector. *International Journal of Contemporary Hospitality Management, 9*(2), 50-54.

Frash, R., Jr., Antun, J., Kline, S., & Almanza, B. (2010). Like It! Learn It! Use It?: A Field Study of Hotel Training. *Cornell Hospitality Quarterly, 51*(3), 398.

Ip, C., Leung, R., & Law, R. (2011). Progress and development of information and communication technologies in hospitality. *International Journal of Contemporary Hospitality Management, 23*(4), 533-551.

Jayawardena, C. (2000). International hotel manager. *International Journal of Contemporary Hospitality Management, 12*(1), 67-69.

Kalotina, C. (2012). Knowledge sharing in dynamic labour environments: insights from Australia. *International Journal of Contemporary Hospitality Management, 24*(4), 522-541.

Khalilzadeh, J., Giacomo Del, C., Jafari, J., & Hamid Zargham, B. (2013). Methodological approaches to job satisfaction measurement in hospitality firms. *International Journal of Contemporary Hospitality Management, 25*(6), 865-882.

Law, R., & Giri, J. (2005). A study of hotel information technology applications. *International Journal of Contemporary Hospitality Management, 17*(2/3), 170-180.

Magnini, V. P., Honeycutt, E. D., Jr., & Hodge, S. K. (2003). Data mining for hotel firms: Use and limitations. *Cornell Hotel and Restaurant Administration Quarterly, 44*(2), 94-105.

Panvisavas, V., & Taylor, J. S. (2006). The use of management contracts by international hotel firms in Thailand. *International Journal of Contemporary Hospitality Management, 18*(3), 231-245.

Paraskevas, A. (2001). Exploring hotel internal service chains: A theoretical approach. *International Journal of Contemporary Hospitality Management, 13*(4/5), 251-258.

Piccoli, G., O'Connor, P., Capaccioli, C., & Alvarez, R. (2003). Customer relationship management-a driver for change in the structure of the U.S. lodging industry. *Cornell Hotel and Restaurant Administration Quarterly, 44*(4), 61-73.

Ramanathan, R. (2012). An exploratory study of marketing, physical and people related performance criteria in hotels. *International Journal of Contemporary Hospitality Management, 24*(1), 44-61.

Shan-Chun, L., Barker, S., & Kandampully, J. (2003). Technology, service quality, and customer loyalty in hotels: Australian managerial perspectives. *Managing Service Quality, 13*(5), 423-432.

Sharma, A., & Christie, I. T. (2010). Performance assessment using value-chain analysis in Mozambique. *International Journal of Contemporary Hospitality Management, 22*(3), 282-299.

Siguaw, J. A., & Enz, C. A. (1999). Best practices in information technology. *Cornell Hotel and Restaurant Administration Quarterly, 40*(5), 58-71.

Slevitch, L., Mathe, K., Karpova, E., & Scott-Halsell, S. (2013). "Green" attributes and customer satisfaction. *International Journal of Contemporary Hospitality Management, 25*(6), 802-822.

Sparks, B. (1993). Guest history: Is it being utilized? *International Journal of Contemporary Hospitality Management, 5*(1), 22.

Yildirim, Y., & Bititci, U. S. (2006). Performance measurement in tourism: a value chain model. *International Journal of Contemporary Hospitality Management, 18*(4), 341-349.

學習評量

1. 下列何者非旅館的有形商品？

   (A) 客房設備　　　(B) 餐飲　　　　(C) 服務　　　　(D) 健身房

2. 旅館作業可分為兩大系統，其中一項為外場部門，下列何者為外場部門的服務？

   (A) 房務　　　　　(B) 財務　　　　(C) 採購　　　　(D) 人資

3. 下列哪個部門是旅館的關懷客人的最前線，亦是客人與旅館的聯繫的重要管道，負責訂房、賓客接待、分配房間、處理郵件、電報及傳遞消息、總機服務等工作？

   (A) 工程部　　　　(B) 房務部　　　(C) 餐飲部　　　(D) 客務部

4. 下列何者不是客務部的主要負責業務？

   (A) 訂房　　　　　(B) 總機　　　　(C) 洗衣服務　　(D) 餐飲

5. 哪一個部門是負責全部客房內部、化妝室及樓層走廊的清潔衛生工作，同時還負責房間內備品的替換、設備簡易維修保養等必要的服務？

   (A) 客務部　　　　(B) 餐飲部　　　(C) 人資部　　　(D) 房務部

6. 依建築及設備標準規定：旅館的每一樓層若超過幾間客房時，必須設置一間備品工作間，便於樓層清潔服務員工作。

   (A) 20　　　　　　(B) 25　　　　　(C) 30　　　　　(D) 35

7. 下列哪些為旅館後勤行政支援系統？
   a.行銷業務部　　b.客務部　　c.人力資源部　　d.安全部

   (A) cde　　　　　(B) abe　　　　(C) abc　　　　(D) acd

8. 下列何者隸屬於財務部，並且每日須檢查客房帳目的正確性，同時製作各營業單位的營業報表送交相關部門，提供經營分析之用？

   (A) 日間稽核　　　　　　　　　　(B) 夜間稽核
   (C) 櫃檯接待人員　　　　　　　　(D) 行李員

9. 旅館有形商品分為五大類：

a.外在環境　b.網站架設　c.服務人員　d.備品　e.附屬設施，何者為非？

(A) be　　　　　　(B) ae　　　　　　(C) bc　　　　　　(D) ce

10. 旅館業可以透過每年的＿＿＿＿＿＿，預估未來的住房需求，管理人員也可以規劃未來的營運策略

(A) 營業分析報表　　　　　　(B) 客房銷售報表

(C) 銷售年報表　　　　　　　(D) 旅館淨額報表

11. 顧客關係管理重視企業對所有現有與潛在目標市場的 ＿＿＿＿＿＿＿＿＿、＿＿＿＿＿＿＿＿ 與 ＿＿＿＿＿＿＿＿，下列何者為非？

(A) 獲取（Acquisition）　　　　(B) 增進（Enhancement）

(C) 提升（Improvement）　　　(D) 維持（Retention）

12. 要讓資訊科技發會競爭優勢，必須同時可量資訊科技必須有效處理企業營運的各種「＿＿＿,＿＿＿,＿＿＿」等內外部活動，下列何者為非？

(A) 金流　　　　(B) 物流　　　　(C) 商流　　　　(D) 服務流

旅館資訊系統
架構

資訊科技協助組織降低成本，同時旅館業組織也因資訊科技的衝擊，在旅館服務程序及組織上有所更動。學習旅館資訊系統必須先了解旅館內部各部門的職責，彼此聯繫的功能，及服務客人的作業流程等。在本章中，首先說明組織與資訊系統的互動關係。

其次介紹旅館的分類，說明獨立旅館及不同連鎖旅館的形式，分析各類型連鎖旅館的優勢；不同的營運方式對資訊科技運用的層面也不盡相同。同時，學習者可以藉由國內外相關旅館網站的說明，了解不同型態旅館的風貌，及對於旅客的重要性。

最後說明旅館事業內部組織功能，讓學習者了解各部門名稱、作業程序與工作內容，及各部門的協調工作。

2-1　旅館組織與資訊系統

企業過程在其本性上通常是交互運作，並且超越銷售，行銷，製造，和研發的界限。過程跨過傳統的組織架構，聚集來自不同部門和專長的員工以完成一件工作。例如許多企業的訂單履行過程需要銷售部門（收到訂單，登錄訂單），會計部門（信用確認和訂單佈告），和製造部門（匯整和運送訂單）的合作。一些組織已經建立資訊系統來支援這些交互功能的過程，例如產品發展，訂單履行，或顧客支援；資訊科技能減少獲得和分析資訊的成本，讓組織減少代理

成本因為管理者更容易監督大量的員工。資訊科技能擴張組織的權利，和小型組織用極少的職員和管理者處理訂單貨保持追蹤庫存等協調活動。我們先來看看以下旅館內部的管理情境：

Mr. Smith 獲聘至喜來登飯店擔任總經理，每天早晨他忙碌著瞭解旅館內發生的事情。首先他在晨會（morning briefing）中聽取客務部製作的住房報表，瞭解目前旅館住房的經營績效；Mr. Smith 根據旅客抵達名單，逐一瞭解今日到達的客人資料，並指示客務部經理做好貴賓接待的工作；房務部經理向 Mr. Smith 報告樓層保養的進度，同時也說明大樓外觀清潔工作的進度。

其次，他瀏覽了客人留下的顧客意見表，發覺旅客似乎對於旅館內部無線網路連線的速度不夠滿意；同時對於早餐的菜色變化不夠多，也表達許多的抱怨。他決定將親自到西餐廳品嘗早餐菜色，同時他在行事曆當中記錄了與資訊部門討論網路連線的問題。

餐飲部經理向 Mr. Smith 說明夏威夷美食節籌備的進度，並建議中餐廳菜單更新的想法；對於客人抱怨早餐的問題，餐飲部經理也將與主廚討論之後提出菜單更新的建議。

會議之後，Mr. Smith 請人力資源部經理與財務部經理到辦公室內，一同討論下個月調整薪資的事項；人力資源部門已經完成上半年度的績效考核，而財務部也完成營業報表分析，初步構想全旅館員工平均加薪 5%，此加薪提案將報請董事會通過。

此外，他將對總公司提出一份留住常客的行銷計畫。副總經理來電，談起一年一度的資訊展即將展開，許多參展廠商陸續向旅館接洽會議室的使用，他建議應該針對資訊展的廠商服務，協調業務部、客務部及餐飲部，共同規劃相關的服務事宜；同時建議將各項優惠措施以電子郵件發送所有簽約客人及網路會員瞭解。Mr. Smith 相當贊成這項做法，授權副總經理全權處理。

資訊系統潛在地改變一個組織的架構，文化，經營策略和工作，當被導入的時候，對於他們時常有大量的抵抗。組織抗拒有許多形式（Cruz, 2007; Law & Giri, 2005）。例如探討旅館運用旅館管理系統造成運用情形不佳原因包括主管的能力與對資訊科技的態度、旅館經營型態與規模、組織高階對科技的認知與

涉入以及資金投入、系統的適切性、使用者方面以及內部 IT 人員的能力與角色等因素。是值得管理者注意的問題。根據美國旅館協會（American Hotel and Motel Association; AH&MA）的標準，旅館若依房間數量的多少或經營規模之大小區分為大、中、小型三種；凡客房數在二百間以下者統稱「小型旅館」，二百至六百個房間者稱為「中型旅館」，六百個房間以上者稱為「大型旅館」。旅館在不同規模上，投資與運用資訊科技的程度上也有差異，資訊科技也會對不同規模的旅館產生不同的效益。

資訊科技在網路發展的過程，可以協助旅館業降低交易成本。資訊科技也能夠減少旅館業的內部管理成本。根據代理理論，企業被視為介於許多利益中心的自我個體間「契約的連結」（Fitoussi & Gurbaxani, 2012; Queenan, Ferguson, & Stratman, 2011）。雇主（所有者）雇用代理人「agent」（指員工）為雇主工作並獲的利潤。然而，代理人需要持續的監督和管理，否則他們將傾向於追求自己的利益而非這些雇主的利益。隨著企業的規模和範圍的發展，所有者必須投入越來越多的努力去監督和管理員工，代理成本或協調成本也跟著提升。

旅館業使用旅館資訊系統的方式會因為旅館規模及連鎖體系而有所差異，近年來由於科技的影響，許多旅館資訊系統朝向 WEB 介面設計，同時透過網際網路發揮電子商務的功能。資訊科技對於餐旅業有著相當程度的貢獻，尤其是網際網路提供及餐旅業界對內部作業流程處理，為業者帶來不少優勢；雖然如此，資訊系統對於其訂房訂位系統及顧客歷史資料的幫助還侷限於基本的功能，如果能夠藉著此資訊系統進行市場區隔或分析顧客型態，更能創造出更大的利益。

然而，對單一旅館業而言，業者在資訊系統上所面臨的最大的困擾包括投資軟體整合功能成效的疑慮、系統維護成本太高、及與其他軟體系統不相容等問題。對於中小型旅館而言，即使面臨企業電腦資訊化迫切的程度不若大型旅館來得緊迫，卻也無法避免這股潮流。面對業務競爭及人力成本高漲聲中，旅館利用資訊科技來管理旅館作業服務，將可以提昇旅館的工作效率。

從經濟的觀點來說，資訊科技被視為能夠自由地代替資本和勞工的生產因素之一。隨著資訊科技的成本下滑，資訊科技會造成中階管理者和辦事員的人

數減少當資訊科技代替他們的人力。由管理的觀點而言,組織原本是一個穩定、正式的社會性結構,組織可以從環境申獲得資源,加以處理後產生績效;如果一項資訊科技將被旅館業採用時,對組織的作業流程及管理權責也會產生巨大的變化;面對因為技術性的改變需要時,企業內部必須先行確認誰擁有或控制資訊的權利及如何來存取所需的資訊。

在全球化的趨勢下,連鎖旅館蓬勃發展;連鎖旅館係指二間以上組成的旅館,以某種方式聯合起來,共同組成一個團體(Enz, 2012; Hsu, Liu & Huang, 2012; Singh, Dev, & Mandelbaum, 2014),這個團體即為連鎖旅館(hotel chain)。換言之,一個總公司(headquarters)以固定相同的商標(logo),在不同的國家或地區推展其相同的風格與水準的旅館,即為連鎖旅館。連鎖旅館的連鎖方式,旅館連鎖因建築物所有權、管理授權等不同而有以下不同連鎖方式。以下介紹常見的幾種連鎖方式:

1. 直營連鎖(ownership-chain)

直營連鎖式透過總公司自己興建的旅館,以發展屬於自己專屬品牌特色的連鎖方式。如福華大飯店 <http://www.howard-hotels.com.tw/>、福容集團 <http://www.fullon-hotels.com.tw/> 及長榮國際連鎖 <http://www.evergreen-hotels.com/> 等連鎖飯店。

2. 委託管理經營(management contract)

指旅館所有人對於旅館經營方面陌生或基於特殊理由,將其旅館交由連鎖旅館公司經營,而旅館經營管理權(包括財務、人事)依合約規定交給連鎖公司負責,再按營業收入的若干百分比給付契約金連鎖公司,如台北君悅酒店 <http://www.grandhyatttaipei.com.tw/> 係由新加坡豐隆集團委託君悅集團經營管理;老爺大酒店及台中全國大飯店係委託日航國際連鎖旅館公司經營管理。

3. 特許加盟（franchise）

即授權連鎖的加盟方式。係各獨立經營的旅館與連鎖旅館公司訂立長期合同，由連鎖旅館公司賦與旅館特權參加組織，使用連鎖組織的旅館名義、招牌、標誌及採用同樣的經營方法。

此種經營方式的旅館，只有懸掛這家連鎖旅館的「商標」，旅館本身的財務、人事完全獨立，亦即連鎖公司不參與或干涉旅館的內部作業；惟為維持連鎖公司應有的水準與形象，總公司常會派人不定期抽檢某些項目，若符合一定標準則續約；反之則可能中止簽約，取消彼此連鎖的約定。而連鎖公司只有在訂房時享有同等待遇而已。例如喜達屋集團 <http://www.starwoodhotels.com/preferredguest/index.html> 下有 SHERATON WESTIN 等品牌提供特許加盟。授權連鎖的加盟方式，為加盟者保留經營權與所有權，至於加盟契約的簽訂，則包括加盟授權金、商標使用金、行銷費用及訂房費用等。凡參加 franchise chain 的旅館負責人，可參加連鎖組織所舉辦的會議及享受一切的待遇，並得運用組織內的一切措施。此種方式為最近數年來最盛行的企業結合方式之一。

旅館的連鎖經營可以降低經營成本、健全管理制度；提高服務水準，以提供完美的服務；加強宣傳及廣告效果；在連鎖旅館訂房中心的驅使下，業者可以共同促成強而有力的行銷網絡，聯合推廣，以確保共同利益；給予顧客信賴感與安全感。連鎖旅館的銷售網路，彼此間可相互推薦、介紹，許多新的旅館為了迅速打響知名度，通常藉由加盟連鎖旅館的方式，利用統一宣傳、廣告、訓練員工及採購商品等優勢，不僅能節省銷管及廣告宣傳費用，同時也增加了宣傳上的效益，無形中替企業創造了另一筆財富。

由組織的觀點而言，所有組織都根據標準的步驟產出產品與服務，經過一段時間後，能存活的組織都變得非常有效率，並遵循標準作業程序（standard operating procedure; SOPs），生產限量的產品與服務。例如旅館管理顧問公司可以提供行銷、業務及人力訓練支援；飯店所需要的耗材如特定食材及紙巾等，也可透過共同採購降低成本。在旅館業中，許多連鎖旅館會藉由標準作業流程控制服務人員的服務績效，這過程中，管理部門可以訓練服務人員發展出合理而清楚的規則、程序和常規，以應付所有可預期的情況。過去的研究中指出，

在專業分工的企業內部，服務人員與管理者擁有專業能力，每個人具備其職權並限於其專業活動。而各職權與活動都在組織規定的標準作業規則或程序的規範中。

連鎖旅館就是在這樣的觀念下，利用分享市場資源，使各會員旅館分享行銷資訊及同步發展行銷策略，並降低廣告預算。對於旅館建築、設備、佈置、規格方面，提供技術指導，並定期督導設備檢查。同時設計標準作業流程，供會員旅館使用，減少作業摸索的期間，並協助員工訓練或觀摩學習。此外，會員之間可以統一規定旅館設備、器具、用品、餐飲原料之規格，並向廠商大量訂購後分送各會員旅館，以降低成本，及保持一定之水準。各連鎖旅館的報表及財務報告表可劃一集中統計，改善營運績效。

然而資訊系統對組織目標、程序、生產力及人事所帶來的重大改變都是充滿了變化性的。雖然資訊科技能透過降低獲得資訊的成本，及使資訊的分發變廣在組織裡改變決策的階層。資訊科技能夠從作業單位直接把資訊傳遞給高階管理者，藉以排除中階管理者和支援他們的辦事員。因此，資訊科技迫使組織的朝扁平化發展；因為專業工作人員傾向於自我管理，而且決策應該變得更為分散當知識和資訊遍及各方面。另一方面，科技克服地理位置的限制，在跨地域的工作情境中，資訊科技會激發專業人員群聚的網路型組織，共同面對面或者電子地－短期內完成一個特殊的任務。

資訊系統能夠幫助企業達到超高效率藉由將這些過程的部分自動化或透過工作流程軟體的發展幫助組織重新思索以及讓這些過程簡化（Chan & Wong, 2007; Kim, Erdem, Byun, & Jeong, 2011; Karadag & Sezayi, 2009）。企業過程涉及在組織中工作，協調，和集中於生產一個有價值的產品或服務的行為。一方面企業過程是來自於物料，資訊，和知識的具體工作的整套活動。但是企業過程也涉及組織協調工作，資訊，和知識，和管理決定協調工作的方法。例如連鎖旅館體系利用連鎖組織訂房中心的優勢，便利旅客預約訂房，除了方便旅客訂房外，亦容易發展作整合行銷模式。

企業過程當前的利益來自於認知策略性成功最終取決於企業如何成功地執行將最低成本最高品質的商品和服務傳遞給顧客的主要任務。它開始於收到訂單並結束於當這個顧客收到產品和支付款項，它把一個想法變成可製造的原

型，或訂單履行，過程便是新產品發展。交易成本理論指出，資訊科技因為它能夠減少交易成本，幫助企業縮小規模，因為使用市場是昂貴的，所以企業和個人都會企圖尋求交易成本的最佳化。例如確定供應商的地點並且和他們聯繫，監控合約承諾，購買保險，獲得產品資訊等協調成本。在傳統上，企業努力減少處理事務成本來降低交易成本，如僱用更多員工，或收購自己的供應商和配銷商，就像傳統的速食麵消費性產品企業，面臨產業規模無法擴張以及產品命週期越來越短等困境，如何在產品創新上取得優勢，例如縮短創新時間、降低產品成本、提高產品品質..等等，已成為企業首要解決的課題。

2-2　旅館業運用資訊系統的轉變

美國旅館業實際廣泛運用資訊系統始自 1980 年代，根據 AH&LA（American Hotel and Lodging Association）的研究分析，超過 90% 以上的旅館使用資訊科技。旅館經營管理資訊化已經成為未來重要的發展之一，許多旅館業者正積極尋求新的服務方案，讓旅館資訊系統可以結合電子商務發展，為旅館業帶來更好的管理成效。

早期的研究認為旅館資訊系統是標準的作業層次系統（Transaction Process Systems; TPS），其功能為處理一般日常旅客的住宿資料，在作業成本的考量下，旅館資訊科技的使用是為了降低作業成本及改善銷售產值，同時對於顧客服務品質與收入管理進行改善，並加強工作產量。在作業效能方面，目的在減少紙上作業、加速資訊傳遞以及增加員工產能，以提高利潤。

由於環境激烈的變化，資訊科技的使用及策略需求等因素，旅館積極思考資訊管理的策略功能（Karadag & Sezayi, 2009）。營收管理萌芽之初，旅館以人工方式探詢市場需求，並根據市場狀況調整價格，但是現在經由 PMS 中的房價管理，可自動調整價格，以回應市場活動需求與業務的策略，使得旅館收益最大化。PMS 在行銷功能上所扮演的角色，從最基本的營運報表、住房預測、團體訂房統計、房價管理等，只要善加利用，就可從中獲得豐富珍貴的資訊。系統亦可藉由界面與其他系統做連結，例如連結消費者、外部資料庫、網頁等，協助旅館業進行調查的工作。旅館想增加住房率，首要工作便是了解客人來源，由於利用科技方式，透過一些複雜的演算，的確使旅館業提高了收益；在此觀

念下，系統支援管理者提出行銷決策；近年來由於虛擬社群的蓬勃發展，許多旅館也透過背包客棧 www.backpacker.com 或 FaceBook 進行網路行銷。

傳統上，旅館業使用旅館資訊系統，執行企業內部一般日常作業、分析、整合並與其他科技產品連結，如:付費電視、卡片鎖、交換機等，而這些產品均包含前場、後場及餐廳系統，且彼此相互連結。其中前場系統又包含訂房、接待、帳務、住客歷史、總機、房務、夜間稽核及商務客戶管理。在作業功能的擴充下，旅館的作業系統的功能，朝向支援整個企業包含財務、人事、營運及行銷等的功能。

隨著電腦的功能日益強大，傳統處理作業層次的功能，也隨著朝向發展支援企業不同的策略。資訊系統對旅館產生的效益，以有效建立顧客歷史資料對企業產生最大效益，其次為即時掌握客房狀況做出正確銷售決定、營業帳目清楚明確、節省顧客退房結帳時間、提高旅館全面的服務品質、減少顧客退房結帳的抱怨、提供正確營運電腦報表、改善顧客服務、改善客人與員工之間的互動；如以部門區，前檯從資訊系統的使用中獲利最大，可提高顧客的滿意度；其次是行銷業務、財務與餐廳。資訊系統對旅館業者提供日常作業的需求功能，同時也在顧客關係管理上，發揮顧客關係管理策略性的角色。

一、服務導向

不同產業各有其特性，因此個別企業所要求、重視的資訊科技功能也會有所不同，故企業需檢視本身的需求狀況，依其不同之階段逐步發展。由關係行銷的觀念，對以服務導向的旅館業而言，關係行銷是一種吸引、維持並提升顧客關係的策略。旅館要提升其競爭優勢，不同的銷售導向的旅館會導引出不同的服務流程；例如對競爭導向的旅館而言，將所發展關注於同業競爭的行銷模式，這類型的旅館可能著重於不同的價格策略、促銷方式、通路選擇等；在服務流程上將無法關懷個別旅客的獨特性。而對服務導向的旅館而言，其將關心個別旅客的獨特性，在服務流程的設定中，將以提供旅客獨特服務內容為依歸。

二、服務流程

旅館透過服務流程，便於服務人員提供顧客即時及個人化的服務。同時透過運用顧客歷史資料庫內的相關資料，更能找到正確的銷售目標，協助企業針對現有顧客進行維持與滲透。由資訊處理的整合觀點，明確指出組織資訊處理的需求與資訊處理能力的配適程度會影響組織運作的效能。旅館業服務的流程若能的資訊系統檢視顧客不同的偏好，提供顧客差異化的產品與服務，針對其需求施以不同的行銷策略，以提昇顧客的附加價值，不僅能降低顧客的流動率也能提高顧客的轉換成本。

異質性的服務內容將可以提昇旅客服務的滿意程度。旅館業擁有很完整的資料，如果透過服務流程的指引，去使用這些資訊，對顧客的需要創造出具獨特性客製化的產品，將可以創造顧客服務的優勢。因此，我們提出一個服務導向的旅館，服務人員由旅客的訂房資訊中，為旅客提供住宿所需的服務，在其服務流程設計上，將時時要求服務人員由歷史資料中找出旅客的偏好，並且運用其紀錄，提供給旅客個人化的服務。

三、系統支援

系統支援可以提升旅客的服務內容，以使得旅客願意回饋其需求。由系統功能的轉換角度而言，旅館業資訊系統功能由早期的作業交換功能，提升至行銷導向的決策功能，及服務導向的顧客服務功能，而彰顯顧客關係管理的核心效能，旅館資訊系統必須有效建立顧客歷史資料，透過旅館的作業程序，更能提供給旅客個人化的服務。

四、顧客關係指標

顧客關係的指標會區分為財務性與非財務性的指標，而這些指標也可以區分為直接與間接影響顧客關係策略發展的影響性指標。由顧客的觀點來看，旅客會重視旅館對旅客的服務品質；相對地，強調服務導向的旅館，除了注意一般旅館經營的財務性指標之外，也應該強調對旅客的關懷或旅客回饋的指標，至些指標有修會反映在財務報表上，有些會呈現在非財務性的資料上，旅館經營的決策者會重視旅客的意見。

　　旅館組織是因應旅客服務程序而組成，在了解資訊流的觀念後，也應了解旅館如何建構旅客服務程序再加以說明旅館內部組織。

2-3　旅館顧客服務的流程

2-3-1　旅客訂房

　　一般旅館將在客務部門內設立訂房組，負責處理訂房的業務；主要原因在於訂房業務與住房接待聯繫密切，因此這種編制最為常見，訂房作業人員接受客務部主管的督導，在制定訂房策略時，也授客務部主管指示。也有的旅館將訂房業務與業務部門結合，其目的在於當業務部門承接許多簽約公司業務，如果與訂房作業相結合，則可以同時處理業務與訂房作業，如果當簽約公司代訂旅客住房時，同時反應與處理旅客與簽約公司對於訂房作業上的需求及期待。

　　旅館訂房人員除了了解訂房的來源之外，也要了解旅館所需要的客人資訊，這些資訊包括：(1) 客人抵達日期：訂房人員應清楚明瞭客人抵達飯店的日期。若是全球訂房中心的服務人員更應知道旅客，會至哪一位城市及旅館的正確名稱。(2) 客人離開日期：旅客離開飯店的日期需清楚地確認，以便訂房作業不致有過渡超額訂房的情形。(3) 房間的型態：針對客人的需要或房間銷售的情況，提供客人該飯店適當的住房型態。(4) 住房的數量：訂房人員應清楚地瞭解客人對房間數量的需求。(5) 價格資訊：依據被預訂住房的期間，讓客人瞭解該預訂客房的原訂價，折抬或優惠的額度及實際享有的價格。(6) 客人相關的訊息：包括客人的姓名、聯絡的地址、電話，若代他人訂房則可同時留下代訂房聯絡人的姓名及電話；同一位客人若預訂二間以上房間，可詢間客人訂房名字是否可用不同人名或統一由一人名字訂房。此外，應同時詢間客人是否須安排接機，或班機抵達時間，更進一步瞭解客人可抵達旅館之時間，週延訂房的資料。(7) 查詢客人住宿歷史資料：若客人表示曾住宿該旅館，可由旅館歷史資料中瞭解住房紀錄，曾有習性或特別的需求，以使客人抵達前提供更好的安排。

2-3-2　接待住宿程序

櫃檯接待是客務部的服務中心，處理旅客抵達旅館前的準備事宜，及旅客抵達後安排房間等工作，必須和訂房組、房務部、工程部等部門保持密切的連繫，以求提供完好的房間狀況給予客人；另一方面客人從客務部所受到的服務也可以看到旅館的服務水準。

根據各國的法規律定，旅客到達旅館之後的第一件事即為登記住宿；若旅客為第二次之後再度住宿同一旅館，多數的旅館會保留旅客的住宿資料，作為提供服務的重要資訊，旅客再次住進旅館時僅需簽名即可。旅客住宿登記的目的有三：其一為確定客人的住宿日數，亦即旅館藉由確認客人的離開旅館日期，以掌控住房情況態。所以客人抵達旅館前的訂房資料和抵達旅館後填寫的住宿登記單是旅館掌握住房資訊的關鍵，做好接待服務工作，縮短登記住房程序

旅館對於旅客住宿的歷史資料可以應用在常客服務之中，待客人再次前來住宿時，能掌握最正確的住房習性的資訊，提昇服務品質。不僅可使旅館服務人員明瞭客人的特殊要求，以提昇客人的滿意程度，同時也使旅館掌握客人的付款方式，縮短退房程序及結帳時間，並提高旅館的住房業務預測。許多旅館服的研究中指出，旅客期待很短的退房結帳時間；在我國旅館評鑑制度中，退房時間的長短也是一項評估的指標。

為確保旅客住宿的正確性與迅速性，在辦理客人住宿登記及分派房間前，櫃檯接待人員必須有充份瞭解 (1) 客房的資訊：這部分包括在客人住宿前一天，櫃檯接待人員預先瞭解每日客房預訂（reservation）數目、超賣情況（overbooking）及後補（waiting）等輔助報表，以掌握客房數量。櫃檯服務人員藉由此報表瞭解各類型客房已經銷售的情況，以及可以銷售的房間型態及數量。(2) 住宿旅客資訊：包括客人姓名、離開旅館日期、訂房者的姓名、聯絡電話、房間型態、數量、價錢、住宿需求（如非吸煙樓層）、班機代碼等，以便於安排適當客房及旅客接送安排的訊息。

若客人第一次至旅館或因需求而於訂房時會要求特別服務。相關的部門就必須被告知，以做好服務的準備。而櫃檯接待人員亦應將此特別要求列入歷史

資料訊息中，以便於下次當客人在訂房時，即可與客人確認或再為客人預作服務準備。

　　許多旅館相當重視旅客的歷史資料；例如亞都麗緻大飯店格外注重歷史檔案資料的建立及運用。對每一位旅客，該旅館除了將第一次的住宿登記單製成老卡[1]。櫃檯接待服務人員應根據當日抵店客人名單，查看是否有建立客人歷史資料，以瞭解客人曾經住宿的特殊要求或服務，以使客人能夠住宿愉快。根據歷史資料，可以瞭解客人住房的習性，或客人特有的需求；例如喜愛高樓層的客房、偏愛香蕉等，以作客房服務準備時更週延考量（顧景昇，2007）。此外，也可依住宿的次數及日數，以配合旅館提供之升等禮遇計畫或累積住宿優惠提供客房住宿升等或相關優惠；例如住房滿 100 晚的旅客可以獲得升等套房的禮遇，住房滿 500 晚的旅客可以獲贈專屬的浴袍或備品；主管及服務人員會依照旅客的住宿記錄主動提供這些禮遇給客人。

　　旅館服務人員在運用旅客歷史資料及旅館客房資訊的同時，服務人員會根據當日的銷售情況妥善處理取代性的的客房，例如，連通房、無障礙房間、特殊房號的套房等。當已準備好的房間很多時，預先保留的房間數就會少。當飯店超額訂房時，就會建立一個顧客的優先順序，例如從主管的訂房、VIP 客房、保證訂房的處理等。服務人員可以把預先訂房的數目輸入 PMS 的系統內，這樣可以防止房間銷售上超賣貨的服務重疊情況，也可以在客人要求更改訂房時快速的處理。

　　當為旅客完成住宿登記及分配房間後，接待員給予客人鑰匙，並發給住宿卡，以作為住宿證明，用來證實客人的住客身分，憑此卡或鑰匙，或在其他餐廳消費簽帳。負責接待的接待員負責引導進入客人至房間，隨後行李員把行李送至客房。這種服務方式的目的是表示對客人的尊重，讓客人有一種被重視的感覺。引導進入的接待員客人解說房間的設施及使用方法，並回答客人提出的問題，讓客人能感受親切及受歡迎的禮遇。除了一般性服務之外，該旅館提供旅客每日閱讀的報紙，被視為客房服務的重要工作之一。服務人員可以利用系統登錄住房客人對報紙閱讀的喜好，每日依照旅客之需求提供旅客所需的報紙。

---

[1] 老卡：為該飯店內部之術語；為旅客第一次住宿之旅客登記表。該飯店保留每一位旅客的資訊，並將每位旅客的習性登錄於老卡中；旅館導入旅館資訊系統後，除了人工的紀錄外，並將紀錄輸入於資訊系統中。

旅館從業人員對旅客的資料需要進保密義務；外來訪客來館查詢旅客住宿時，應先問清來訪者的姓名，依訪客查詢住宿客人的房號，然後打電話到被查詢的住客之房間，經客人允許後，才可以告訴客人房號，或由住客直接告知其客人。住宿的客人在停留期間的住宿狀況、住宿日期的變更，或是旅館本身客房銷售的操作衍生的問題，都需要旅館的人員個別處理，輸入旅館資訊系統中以確保整體銷售資訊的正確性，並使客人獲致最大的服務滿意。

2-3-3　帳務服務

旅客遷入程序中資訊系統記錄住宿旅客的相關資訊，一方面讓服務人員可以清楚掌握旅客的習性與住宿需求；同時也方便旅客在住宿過程中享受旅館提供的服務，也可以將所有的消費，記錄在住房帳戶之中，於結帳時，一並付款即可。

當客人辦理登記手續完成時，帳務隨之發生，旅館資訊系統會依登錄之房帳產生帳務。一般而言，旅館依實際銷售金額登載於資訊系統的個人帳戶之內；若房間型態有改變，例如更換房間、加床、或延遲退房時間，飯店依既定之程序向客人另行收取相關費用，並登載於帳戶之明細中，以客人能明瞭房價轉變之內容。PMS 系統減少收據、control sheet、runner 和 late charges 的情況發生，而改用了電子的方式傳遞資料。

對於客帳之處理若有折扣、服務費與稅之收取應予明載，並向客人說明，若發生登錄錯誤或特別禮遇客人之費用，則可予以折讓（allowance）以示禮遇。任何在館內消費或現金代支之費用憑証，於費用發生時均需請客人於單據上簽名，以示對消費內容明瞭並予承認，以作為結帳之參考憑據。

為每位旅客及營業部門整理所有收支帳務是相當重要的工作；因為旅館是二十四小時營業，調整帳務就必須以大夜班的工作人員為主；財務部夜間稽核就是負擔這項重責大任，它門的主要的工作包括：(1) 確定與調整客人住宿房態。(2) 確認旅客帳務的登錄。夜間稽核的主要工作之一為確認登錄帳目並結算其金額，確認將來自客房、餐廳、服務中心等各項費用，在清理帳務完成前鉅細靡遺地登錄在電腦內之個人帳戶中。並將住客每筆消費的憑據，逐一地加其總額和與資訊系統中的住客入帳統計核對相同，將錯誤的金額予以更正。

在關帳清理帳務之後，稽核人員逐一查核客人的房租與服務費，並製作各種報表以便決策人員核閱與參考，報表通常區分成：(1) 每日營運功能性報表：旅館資訊系統提供各項報表製作功能，以作業服務人員稽核與其他業務分析之用；(2) 營業分析統計報告：，這類鰾表需要提供基本營運績效分析，包括 (a) 統計住房率（occupancy），亦可針對各項客房使用計算其單人房、雙人房、套房住房率。(b) 客房平均收入（average daily rate）：瞭解當日旅館的平均房價。及 (c) 客房營業收入（room revenue）：即客房整體營業收入。例如：月報表、年報表、業績分析報表、住房率統計表等。

夜間稽核主要的工作之一，即是檢查每位房客的帳務是否清楚，遇有即將退房的客人更應確認房帳是否正確，以減少退房遷出（check-out）等待的時間；此外，夜班稽核是最能夠表現出 PMS 系統的功能的職務，以前夜間稽核沒有資訊系統協助時，在晚間做平衡帳務、登入房帳、價錢和稅金等事情時，都需要很多花費很多人力和整個晚上的時間來處理，但是 PMS 只需要基本的人員來操作即可，對大型旅館來說可以節省很多不必要的人力。

2-3-4 退房程序及資料處理

櫃檯人員服務客人退房時，首先應確認客人住宿房號與資訊系統資料是否相符，同時檢查是否尚有未登錄之帳務，當服務人員確認帳務完畢之後，將客人的得帳單列印交給客人確認，並於帳單上簽名確認。結帳完畢，服務人員應將帳單、信用卡簽帳單（以信用卡付款者）、及發票等，以帳袋包裝好交由客人點收，已完成結帳程序。同時向客人索回取房間鑰匙，並查看客人是否還留有郵件、訪客留言等，同時向客人致謝，並連絡行李員協助客人搬運行李。資訊系統的作業中，當客人退房後，電腦系統會自動記錄並累計客人住宿的日數、住房型態、住房期間及消費金額等。退房之後，資訊系統會將住房客人的住宿的各項資料記錄並保存起來，稱為客人歷史資料。在歷史資料中，旅館不同部門的（例如客務與房務部）服務人員也可以補充登記旅客在住房期間特別的需求，例如偏愛高樓層、指定住宿的房間、喜愛的水果、對於客房內備品的需求、習慣備稱呼的稱謂等習性偏好，以做好客人習性的瞭解。

2-4　旅館資訊系統的架構

　　旅館資訊系統的設計，是以前檯作業系統為主，該旅館在功能的擴充上，包括旅館前台系統由 DOS 介面更新至 WEB 介面、網站的架設、網頁內容服務上，均不斷更新，以符合旅客所需。我們先介紹旅館資訊系統所應具備的子系統及相關的功能；其次，在本書中我們以德安資訊（股）公司所提供的旅館資訊系統加以說明，並以此系統的整體規畫說明系統的結構及功能，如圖 2-1 所示：

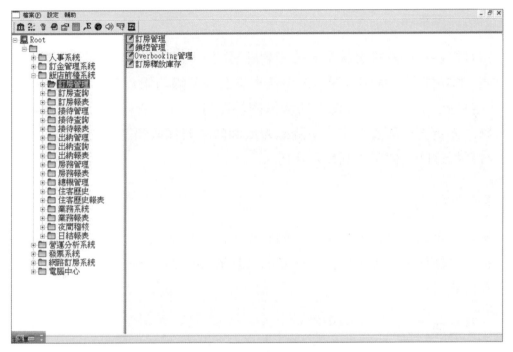

圖 2-1　系統結構及功能

2-4-1　前檯作業系統

　　旅館作業系統中最為重要的是前檯電腦作業系統，因為這個系統必須處理旅客住宿的所有資料，為了使旅館正常運作，櫃檯服務人員必須對此系統相當熟悉。櫃檯系統包括以下功能：

1. 基本資料管理：

　　提供飯店房間基本資料設定，例如：房價、房型、等級等。在進入基本資料區域設定中，系統操作者可以輸入所需要的各項資料，如此，對於房間

狀況一目了然，方便使用者對房間設定各項資料。例如 (1) 消費科目設定作業、(2) 信用卡科目設定作業、(3) 等級房價設定作業、(4) 上線人員設定作業、(5) 客戶類別設定等相關功能的基本設定。

2. 客戶歷史資料管理：

系統同時可查詢客戶住宿歷史資料，內容包括前次房號、累計消費金額、前次住宿日期、前次房價、住宿次數、累計天數…等。

3. 訂房作業管理：

系統提供可查詢排房狀況、每天剩餘房間、各種房間型式訂房狀況、排房表。此功能同時提供多種方式快速查詢訂房記錄功能，例：以「住房日期」、「客戶姓名」等輸入查詢。若與網際網路線上訂房資料做即時的接收與回應，需為同一個資料庫。不論個人或團體，若採取預訂房間方式，待訂房客戶抵達時，便可立刻轉為住房。

4. 接待管理：

本功能讓櫃台服務人員掌握房間狀態，內容包括住宿、休息、待打掃、打掃中、修理中…等，以提供適當的客房產品給客人，並紀錄支援相關的服務內容

5. 出納管理：

由此功能可辦理櫃台現場個人及團體的進房及退房作業。及補記錄住宿旅客的基本資料、各項消費項目。退房時可選擇不付清費用，系統會記錄明細，並隨時可查詢列印某客戶在某區段日期未付清的金額明細。系統並提供發票開立功能，可設定發票開立項目、發票作廢設定、發票開立明細表及查詢功能。

6. 房務管理：

可查詢目前各類客房型態數量，目前空房報表，每日客房明細主畫面即可得知，目前房間狀態，如：空房、待打掃、清理中、修理中，櫃台人員可明確掌握所有房間，以利於銷售及排房。

7. 稽核作業：

提供各操作者在使用本系統時。操作系統各項功能時的記錄，例:進出系統時間、密碼及權限修改、客戶資料刪除、消費資料刪除，換房、取消住房、取消退房等。

8. 營運管理報表：

營運管理報表提供收款分類明細表、客房住宿率統計表、及依照日、月、年分類之營業報表，以提供旅館內部相關部門制定決策之用。

9. 系統管理：

此功能須經由權限的設定來控制操作的人員，提供過期歷史資料刪除，刪除項目有：住房紀錄、系統事件記錄、日營業統計、交接交班記錄…等。及系統參數作業等設定工作。

10. 網頁功能：

旅館網頁提供旅客了解旅館設施及相關行銷活動訊息，並能夠讓旅客查詢旅館內口售空房的資料，即預定旅館客房。

2-4-2 其他相關系統介紹

除了櫃檯系統之外，餐廳管理系統也是協助旅館管理的重要工具之一。各旅館依其餐廳的數量與規模，在系統設計上將有出入，某些大型設有中央廚房的旅館，其系統複雜程度增加。此外，採購作業系統協助旅館採購與庫存備品，此系統提供使用者廠商名單、詢價紀錄、及進貨作業管理等功能。財務作業系統提供管理者總帳、應付及票據等功能；人事薪資系統提供管理者員工出勤紀錄、薪資及員工基本資料等功能；然而因為各國稅法及勞工法令的不同，國內引進旅館資訊系統時，多將此二系統分開採購。

在本書中，基於說明方便，我們先將德安資訊（股）公司所提供的整體系統功能列舉如下，並將在本書各章節中加以說明：

飯店前檯系統

A 訂房管理

A-1 訂房管理

A-1-1 查詢

A-1-2 散客訂房

A-1-3 團體訂房

A-1-4 修改訂房

A-1-5 取消

A-1-6 等待

A-1-7 散客轉團體

A-1-8 分類別

A-1-9 最後一筆訂房

A-1-10 訂房確認書（列印）

A-1-10-1 訂房確認書

A-1-10-2 英文版

A-1-10-3 簡易

A-1-11 訂房確認書（傳真）

A-1-11-1 傳真號碼

A-2 鎖控管理

A-2-1 查詢

A-2-2 新增

A-2-3 修改

A-3 over booking 管理

A-3-1 查詢

A-3-2 展開

A-3-3 設定

A-4 訂房釋放庫存

A-4-1 訂房卡號

B　訂房查詢

　　B-1　房間庫存查詢

　　　　B-1-1　房間庫存查詢

　　　　B-1-2　前七天

　　　　B-1-3　後七天

　　　　B-1-4　查用房數

　　　　B-1-5　鎖控

　　　　B-1-6　另存新檔

　　　　B-1-7　列印

　　B-2　鎖控查詢

　　　　B-2-1　查詢

　　　　B-2-2　查剩餘數

C　訂房報表（7-6）

　　C-1　當日取消訂房報表

　　　　C-1-1　結果

　　C-2　當日新增訂房報表

　　　　C-2-1　結果

　　C-3　訂房狀態報表

　　　　C-3-1　結果

　　C-4　No Show 報表

　　　　C-4-1　結果

　　C-5　Market Segment 分析報表

　　　　C-5-1　結果

　　C-6　訂房預估月報表

　　　　C-6-1　結果

　　C-7　訂房數量預估月報表（依房種）

　　　　C-7-1　結果

　　C-8　訂房數量預估報表（依類別）

　　　　C-8-1　結果

營運分析系統

網路訂房系統

參考文獻與延伸閱讀

顧景昇(2007)，客房作業管理。雙葉書廊有限公司。台北。

Chan, W., & Wong, K. (2007). Towards a more comprehensive accounting framework for hotels in China. *International Journal of Contemporary Hospitality Management, 19*(7), 546.

Cruz, I. (2007). How might hospitality organizations optimize their performance measurement systems? *International Journal of Contemporary Hospitality Management, 19*(7), 574.

Enz, C. A. (2012). Strategies for the Implementation of Service Innovations. *Cornell Hospitality Quarterly*, 53(3), 187.

Fitoussi, D., & Gurbaxani, V. (2012). IT Outsourcing Contracts and Performance Measurement. *Information Systems Research, 23*(1), 129-143,280-281.

Hsu, C., Liu, Z., & Huang, S. (2012). Managerial ties in economy hotel chains in China. *International Journal of Contemporary Hospitality Management, 24*(3), 477-495.

Karadag, E., & Sezayi, D. (2009). The productivity and competency of information technology in upscale hotels. *International Journal of Contemporary Hospitality Management, 21*(4), 479-490.

Kim, J., Erdem, K., M., Byun, J., & Jeong, H. (2011). Training soft skills via e-learning: international chain hotels. *International Journal of Contemporary Hospitality Management, 23*(6), 739-763.

Law, R., & Giri, J. (2005). A study of hotel information technology applications. *International Journal of Contemporary Hospitality Management, 17*(2/3), 170-180.

Queenan, C. C., Ferguson, M. E., & Stratman, J. K. (2011). Revenue management performance drivers: An exploratory analysis within the hotel industry. *Journal of Revenue and Pricing Management, 10*(2), 172-188.

Singh, A., Dev, C. S., & Mandelbaum, R. (2014). A flow-through analysis of the US lodging industry during the great recession. *International Journal of Contemporary Hospitality Management, 26*(2), 205-224.

學習評量

1. 旅館若依房間數量的多少或經營規模之大小區分為大、中、小型三種；凡客房數在二百間以下者統稱為：

   (A) 膠囊旅館　　　(B) 小型旅館　　　(C) 中型旅館　　　(D) 大型旅館

2. 旅館若依房間數量的多少或經營規模之大小區分為大、中、小型三種；凡客房數在二百至六百之間者統稱為：

   (A) 膠囊旅館　　　(B) 小型旅館　　　(C) 中型旅館　　　(D) 大型旅館

3. 旅館若依房間數量的多少或經營規模之大小區分為大、中、小型三種；凡客房數在六百個房間以上者稱為：

   (A) 膠囊旅館　　　(B) 小型旅館　　　(C) 中型旅館　　　(D) 大型旅館

4. 許多企業的訂單履行過程需要經過很多部門來一起共同完成訂單履行，下列何者為非？

   (A) 銷售部門　　　(B) 會計部門　　　(C) 製造部門　　　(D) 驗收部門

5. 資訊科技協助組織＿＿＿＿＿，同時旅館業組織也因資訊科技的衝擊，在旅館服務程序及組織上有所更動。

   (A) 企業行銷　　　(B) 市場定位　　　(C) 降低成本　　　(D) 鞏固客源

6. 哪一個協會將旅館依房間數量的多少或經營規模之大小區分為大、中、小型三種？

   (A) 英國旅館協會　　　　　　(B) 美洲旅館協會
   (C) 美國旅館協會　　　　　　(D) 瑞士旅館協會

7. 旅館透過＿＿＿＿＿＿，便於服務人員提供顧客即時及個人化的服務。同時透過運用顧客歷史資料庫內的相關資料，更能找到正確的銷售目標，協助企業針對現有顧客進行維持與滲透

   (A) 服務流程　　　(B) 系統支援　　　(C) 旅館組織　　　(D) 顧客關係指標

8. 在旅館業中，許多連鎖旅館會藉由_____控制服務人員的服務績效

    (A) 標準作業流程   (B) 顧客關係指標

    (C) 服務導向策略   (D) 行銷導向策略

9. 旅館訂房人員除了了解訂房的來源之外，也要了解旅館所需要的客人資訊，這些資訊包括下列哪些？

    a.客人抵達日期   b.房間的型態   c.價格資訊   d.客人相關的訊息

    e.查詢客人住宿歷史資料   f.客人離開日期

    (A) abcde   (B) abcef   (C) abdef   (D) 以上皆是

10. 以下對於出納管理的敘述，何者為真？

    (A) 可辦理個人退房作業   (B) 可辦理團體的退房作業

    (C) 可辦理個人的進房及退房作業   (D) 以上皆是

11. 以下對於房務管理的敘述，何者為真？

    (A) 可查詢目前各類客房型態數量   (B) 每日客房明細主畫面即可得知

    (C) 櫃台人員可明確掌握所有房間   (D) 以上皆是

12. 稽核作業的功能包括？

    (A) 客戶資料刪除   (B) 消費資料刪除

    (C) 取消住房   (D) 以上皆是

房價結構與
產值管理

　　房價結構與旅館營業績效息息相關,了解房價的形式與價格策略是本章的學習重點。在本章中,首先介紹旅館客房商品與房價結構的形式,並說明每一種價格的意義,學習者可以藉由瞭解不同型態旅館所提供的價格資訊,同時規劃旅館資訊系統中的價格種類。其次,本章說明旅館思考商品價格策略與通路管理所考慮的因素,讓學習者了解旅館如何呈現價格資訊及對於通路與旅客之間的影響。

　　客房的訂價政策(pricing strategy)將決定旅館每日的平均房價及旅館整體營收的高低,由行銷策略的觀點而言,客房價格的訂定應考慮整體市場需求及供給的程度、營運所需的成本、及季節性波動對旅館營運影響等因素。一個正確適當的房間訂價,是經濟手段,也是行銷手法以及工具之一。正確適當的房間訂價,必須要能低到容易去吸引和招攬客人,有意願來預訂房間或消費。在此同時,也必須要考量到經濟因素和效益。房間的訂價即使低廉但也要能夠獲得一定的利潤。

　　旅館業者在制定房價結構時,考量的因素相當的多,包括市場接受的程度、經營成本、顧客的區隔等。旅館的經營目標包括提供旅客精緻的服務,但也須兼顧旅館經營的獲利能力;因此,旅館業者都希望能用較低的成本,提供給顧客最滿意的服務,同時獲取最大的利潤。該如何制定適當的房價結構,提吸引不同的旅客,則是不可或缺的重要環節。

　　不同的旅客對於房價的考慮有不同的觀點（Gazzoli, Kim, & Palakurthi, 2008; Osman, Hemmington, & Bowie, 2009; Toh, Raven, & DeKay, 2011），當旅館的地理因素對旅客的影響不顯著時，旅館經營者就需要站在顧客的角度來訂定是當的房間價格，訂定如何的價格，才輝吸引旅客及讓旅客滿意的呢？是旅館業者必須思考的。當一個區域裡，房價高過於竟競爭對手太多，卻又無法顯現其價值時，無法吸引旅客的訂房；另一方面，如果提供的服務又達不到顧客原本的期待時，顧客失望的程度就會更高，也會對飯店產生相當不良的印象；同理，當房價過低時，雖然滿足了消費者的經濟訴求，但也同時會引起旅客思考房價為何會如此低的疑慮，可能是旅館的品質不好或是所提供的服務不夠周到等。因此，旅館要吸引消費者的第一步，就是對不同的客人擬定合適的房價。

　　許多研究顯示，旅客對於住宿價格、客房品質的研究中發現：旅客認為旅館的住宿知覺價格傾向愈高，將產生較高的知覺品質；旅客的知覺價格對知覺價值，以及再度祝宿的意願存在正向的影響。當旅客認為在旅館住宿所獲得整體品質高低會影響他對這個旅館的價值認知，當旅客對旅館的品質感受愈高時，也就是說旅客體驗到高服務品質時，相對會獲得高的價值感受，此時也提昇了再度住宿的意願。

3-1　房價與客房商品

　　最近幾年來，餐旅業急速成長，旅館相繼林立，彼此的競爭越來越激烈，相對的顧客的選擇也越來越多。根據交通部觀光局的統計，國內整體旅館平均實收房價在 2002 年為 2,911 元，到 2011 年提升到 3,363 元，成長幅度為 15.5%；然而在 2002 年國內單一旅館最高的實收房價為 5,917 元，到 2011 年攀升到 11,480 元。這顯示不同旅客可以接受對於不同價格區隔的旅館，在旅館的競爭市場裡，高價位的旅館也可以獲得旅客的青睞。

　　影響旅館住宿需求之一是經貿活動，另一個是閒暇時間的長短；經濟繁榮與否代表著商業活動的情況，也會影響旅館房價的高低；不論是國內各縣市間的商務活動，或是國際間貿易的展開，為了商業活動而產生的單純商務行程或是利用工作閒暇之餘多停留幾日的商業旅遊者日益增加，相對的也提升了對旅館客房的需求。除此之外，在經濟繁榮的環境下，人們有更多可自行支配的金

錢，並且隨著生活水準的提高，人們對於休閒生活更加重視，大量的家庭旅行者或單獨旅行者便隨之產生，於是對於旅館房間的需求相對提高。

　　過去的研究顯示，使旅館產業的房價攀升的因素之一是國家經濟本身。經濟繁榮的結果影響，會讓旅館房價向上攀升（Bayoumi, Saleh, Atiya, & Aziz, 2013; Chih-Chien & Schwartz, 2006; Lee, Garrow, Higbie, Keskinocak, & Koushik, 2011）；也就是說，相同的旅館商品，旅客卻必須支付更多的金錢去購買或穫得；或是相同面額的金錢，卻只能購買到較少的商品。這樣的結果造成在消費價格提升的，整個旅館業在過去幾年也經歷了價格方面的上脹，亞洲許多地區像新加坡、澳門及香港的旅館房間訂價可以說明經濟成長帶來房價攀升的現象。

　　在面對旅館價上升及市場供給的問題時，旅館產業已經開始積極回應市場的需求，也就是投入現有市場興建旅館。雖然，現今旅館產業有更多的房間可供顧客使用，但相對於房間的需求，也比以前高的更得很多；房間的需求增加，當然就表示有較高的平均價格，旅館同時在面對競爭者時，唯有提高旅館本身從硬體到軟體各項設施，以及在人事訓練上的加強，提升服務的品質，才能有最基本的競爭優勢。在競爭如此激烈的旅館產業中，每家旅館不論大小，都要求以最小化的經營成本，能得到最大化的競爭優勢；然而，旅館在提升自我的設備時，成本的支出是不可少的，除此之外，為了提供更好的服務，旅館業需要提供許多額外的服務，例如：客房內的商務設備、接送旅客服務、代訂機票服務等來爭取旅客的認同，而這些考量都會造成在營運成本的增加。

　　相對地，顧客要前往某一區域的旅館時，勢必會考慮許多的因素，像是旅館的地點、房間的型態和提供的服務等等。但是當鄰近地區的兩個旅館，房間的型態相類似，所提供的服務也一致時，顧客會如何選擇呢？"價格"勢必成為旅客最在意的因素。當各方面條件相類似的旅館，能夠讓顧客有所選擇時，都會選擇價格較低的旅館。而當不同旅館，所提供給顧客的服務不同時，顧客又會如何去選擇呢？這種情形就顯的複雜了許多，也是也者必須謹慎思考的。我們接下來以旅館的基本商品：客房商品的設計，來說明客房商品的設計與房價之間的影響。

客房是旅館提供客人主要產品，客房設備、清潔維護程度，客房大小與價格之間的關係，是影響旅客選擇的重要因素，亦是影響客人再度選擇住宿的重要關鍵因素之一。由旅館資訊的角度而言，服務人員應該了解旅客房商品的差異，提供旅客正確與適當的客房商品。了解客房的基本配置可以提供客人適當的房間，滿足旅客住宿的需求，旅館客房設計通分為：

3-1-1 休息睡眠設計

客房是提供旅客住宿的基本產品，休閒睡眠社寄最重要的產品是睡眠所需的床床是客房內主要提供給客人的產品，不同尺寸的床可以區分成不同型態的客房，許多旅館會以床的尺寸及特點做為吸引旅客的訴求，例如 Westin 國際連鎖旅館 <http://www.starwood.com/westin/index.html> 更是以天堂之床（Heavenly Bed）為廣告，強調其客房產品的舒適性，這也呈現不同的房價落差；對旅客而言，床的大小事辨識旅館房價的方式之一。我們在旅館內常見不同尺寸的床包括：

1. 單人床（Single bed）

單人床是一般旅館很基本的設計；這種床的尺寸為寬（910~1100）×長（1950~2000）m/m，若以英制計算，則為 36×75 英吋。一般房間中設置二張單人床而成的雙人房，在英文中稱這種房間為 Twin Room，中文也稱為雙人房，近年來許多新的旅館，或是在歐洲的旅館，在設計旅館客房時，喜歡設計二張單人床的客房，不僅可以獨立為雙床房，也可以合併床成為一張大床，這樣的客房可以分別滿足不同需求的旅客。

2. 雙人床（Double bed）

雙人床基本上是滿足二位旅客的住房；這類型床的尺寸為寬（1370~1400）×長（1950~2000）m/m，若以英制計算，則為 54×75 英吋。一般多為房間中設置一個雙人床而成的雙人房，在英文中稱這種房間為 Double Room，中文也稱為雙人房。有些豪華的旅館以這種尺寸所規劃的單人客房，中文也可稱為單人房，許多旅館透過訂價給予單人或雙人住宿需求的旅客，比較容易識別的價格差異是提供旅客早餐的數量。

如果一個房間內配置二張 Double bed，則稱這種房間為 Double-Double Room、twin-Double Room、或 quad room，這類型的房間通常提供給全家同時旅遊的客人使用，或同時可以容納四位客人居住，中文也稱這類型的客房為家庭房或四人房；就價格的制定而言，這類型的客房可以配合提供早餐的數量而給予不同的房價。

3. 大號雙人床（Queen size Bed）

此類的床型比標準的雙人床略大；這種床的尺寸為寬（1500~1600）×長（1950~2000）m/m；若以英制計算，則為 60×82 英吋有些豪華的旅館以這種尺寸所規劃成不同形式的單人或雙人客房，甚至設計在套房內，以不同的房價提供給不同需求的客人，中文可稱為單人房或雙人房。這類客房跟 double bed 一樣，可以提供旅館不同的客房設計。

4. 特大號雙人床（King-size Bed）

許多標榜奢華的旅館大多會強調配置這類尺寸的床；這類型的床尺寸為寬（1800~2000）×長（1950~2000）m/m，若以英制計算，則為 78×82 英吋。這類客房跟 double bed 一樣，可以提供旅館不同的客房設計；有些豪華的旅館以這種尺寸所規劃成不同形式的雙人客房或套房內，以不同的房價提供給不同需求的客人。

5. 折疊床（Extra Bed）

此類型的床多為活動式設計，目的為彌補客房內原有床位設計的不足之處，而彈性地提供客人所需，一般摺疊床的尺寸為 Single size bed。如果將此類型的床與室內裝潢（例如衣櫃、或牆壁）合併設計，英文中又可以稱為 Murphy bed；與沙發合併設計稱為 sofa bed，此種設計可以使客房內空間在白天活動與夜晚睡眠時做不同的利用，讓室內空間附有變化。旅客在使用這類型的床若是因為住宿人數增加，通常需要額外付給旅館費用。

6. 嬰兒床（Baby Cot）

這類型的床是專為嬰兒設計，提供給嬰兒使用；在大多數的旅館，提供嬰兒床是不需要付費的，但是旅客如果有需求，應該在預定客房時就必須告知旅館，以避免因為數量不足而無法獲得服務。

3-1-2 工作區域設計

面對科技的影響，許多旅館，特別是商務旅館在設計工作區域時，都會將科技服務納入考量；傳統上，工作書寫空間大都安排在床的對面，備有檯燈，薄型彩色電視則放在桌檯的牆面上，許多電視已經採用可以兼具上網服務的機型。在桌檯的牆面上裝有梳粧鏡，新的商務型旅館特別強調此工作檯的設計，同時配有印表機或便於使用網路的設備。工作區旁配置的小圓桌、扶手椅，供客人休息，兼有供客人飲食的功能，客人在此享用進餐之功能；另一重要活動功能之區域為書寫工作之書桌區域。

客房設計會因為工作區域的大小區分為套房及一般客房；若為套房設計，工作區的空間則與睡眠休息區有所區分，也更保有休息的私密性，愈大的套房除了書寫功能之外，也提供開會所需的會議桌等，許多企業老闆、高階主管，婚禮的新人，或是長期居住於旅館內的人，都喜歡選擇此類型的客房；許多音響設計，電動窗簾等服務也會納入其中。

1. 衣櫃

衣櫃或行李櫃可供客人存放衣物、行李物品；不同市場區隔的旅館對於衣櫃的設計也不同，如果一個長住型客人多的旅館，在客房衣櫃的設計上就必須考量衣櫃的尺寸，提供給常駐型旅客所需；另一方面，客房衣櫃會與小酒吧檯合併設計，在衣櫃內有保險櫃、小酒吧及迷你冰箱，小酒吧擺放著各樣名酒；小冰箱裡備有各種飲料和食品，以滿足客人簡單飲食的需要。

2. 衛浴區

浴室是客人住宿期間常接觸的環境空間，某些旅館將套房式的化粧室中裝有電視、音響設備等，以提供客人更舒適的空間。客房浴廁間的主要設備包括浴缸、洗臉盆和坐廁（馬桶）。新式的旅館則還設有獨立的淋浴空間。洗臉盆檯面上擺著供客人使用的清潔和化粧用品。檯兩側的牆壁上分別裝有不繡鋼的毛巾架和浴室電話和吹風機，馬桶旁裝有捲紙架。

浴室內的浴袍及相關備品也是旅關彰顯尊貴的表徵；許多國際級的旅館均選擇高級品牌如 GUCCI、NINA RICCH 等產品，Tiffany 也為半島酒店製作專屬產品。備品強化的方式可由備品的設計及提升備品的品質著手，如提供女性旅客專用的備品，或將備品的商標與旅館的名稱同時印於備品上，讓旅客感受到備品的價值。由於旅館等級與價位的不同，配備用品的種類多寡，質與量均有顯著差別。高級旅館的客房配備顯示其華麗名貴的配套，價位較低旳旅館配備則較簡單，只求衛生與方便。

3-2　客房訂價

訂定房價是件複雜的工作，客房的訂價政策將決定旅館每日的平均房價及旅館整體營收的高低，由行銷策略的觀點而言，客房價格的訂定應考慮整體市場需求及供給的程度、營運所需的成本、及季節性波動對旅館營運影響等因素（Bayoumi et al., 2013）。因此旅館業者發展許多不同的公式，訂定房價，節省時間與其他成本的支出。在制定房價的過程中，有哈伯特公式（the Hubbart room formula）、面積計算法（square foot calculation）、及建築成本公式（the building cost rate formula）等法則；一般旅館業常用的市場性訂價方式包括 (1) 成本加成訂價、(2) 參考同業收價標準、(3) 根據營業方針或行銷目標三種方式作為訂價之依據。在這種價格政策之下，旅館業對於不同目標市場區隔採取彈性的分級價格，如旅行社業者可以得到優惠的團體價格；另一方面，旅館業再根據住宿需求波動之影響，對淡旺季採取不同的彈性優惠價格，降價成為淡季促銷時常使用的手段。

客務部所有服務人員都應該詳細知道各類客房的差異與價格，理論上，較好的房間，佈置、陳設都要有別於普通的房間。旅館服務人員也要明瞭每日區域內旅館的競爭狀況，當區域內旅館客房的需求低的時候，表示高與低價位的房價，缺乏差異性，會使前檯員工無法推銷高價位房間，所以旅館服務人員對於旅客需求必須保持敏銳的感受，才能了解顧客的需求，目前市場的趨勢。然而有些時候，旅館房價的高低是跟前檯服務人員的銷售技巧有關。

在櫃檯時的住房登記意味著這是最後向顧客賣出較昂貴房間的機會。好的銷售模式會結合差異化的產品而帶給旅館一個增加中及高價位房間銷售量的好機會。例如當旅客進入旅館預備入住前，服務人員可以介紹說明："您已預定了我們的標準客房；如果您願意再多 10 美元，我將可以幫您升等至全新裝潢的豪華海景客房。"這樣利用高的附加價值（海景）去吸引旅客的需求，是比較容易獲得較高房價收益用。前檯服務人員是向旅客推銷較貴房間的最後機會，不同的產品搭配好的推銷術，可以增加賣出中高級房間的機會。對旅客而言，當客人在挑選同樣為高價位且沒有其他附加價值的房間時，他們會選擇較低價位的。事實上，如其中較好的房間有某些附加價值：例如較好的採光或是較新的傢俱；不同房間種類中如果缺乏不同的附加價值去對應銷售策略時，第一線的服務人員較難賣出高價的客房商品。

客房訂價除了可以反映依照旅館客房商品的特點、不同的市場區隔、不同的季節性因素影響，提供不同市場的優惠價格及季節性的折扣價格之外，旅館業務單位每一年度必須分析旅館住房的旅客來源比例（圖 3-1），提出次一年度的房價結構策略，在此房價策略結構之下，訂定不同的行銷策略。以下僅就各類價格逐一說明。

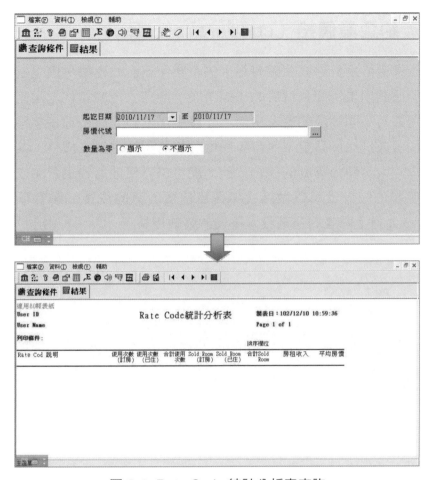

圖 3-1　Rate Code 統計分析表查詢

3-2-1　定價（Rack rate）

　　定價是只旅館公開在房價表（tariff）上的標準價格。一般而言，旅館均會區分為各式不同等級的客房，而採取不同的客房訂價。房價表除了說明不同等級客房之定價外，同時會說明加床（extra bed）、服務費（service charge）、稅（tax）及相關的住房訊息等[1]，不同國家的稅率及服務費收取不同，服務人員應該詳細告知旅客方間價格是否包含稅或服務費。

---

[1] 請各位讀者自行參照旅館網站說明。國內旅館推薦台北君悅大飯店等網站。

3-2-2 簽約企業價格（cooperation rate）

簽約企業價格是針對與旅館有往來的企業所簽訂的專屬房價；這類房價通常在商務型旅館出現。商務型態的旅館為吸引商務人士經常往返出差之需，通常與各公司簽訂不同等級的優惠房價，此優惠房價將是該公司每年平均住房數量及預估住房成長比例訂定，而每年將檢討修訂契約之優惠價格，某些旅館網站會提供千元人員輸入專屬的簽約代號，就可以方便地透過網路完成訂房，而這些訂房數量的統計就可以做為次年優惠房價計算的依據。業者可以透過圖3-2、3-3、3-4 對不同簽約公司設定不同的簽約價格。

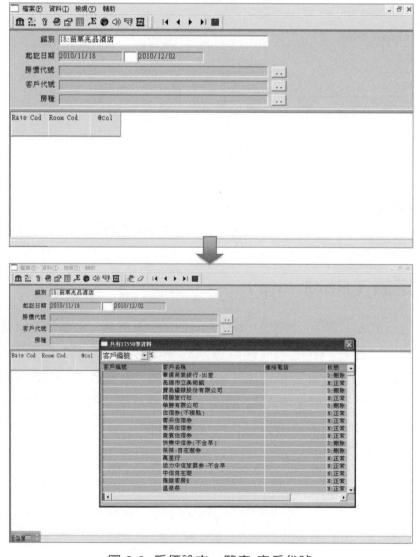

圖 3-2 房價設定一覽表-客戶代號

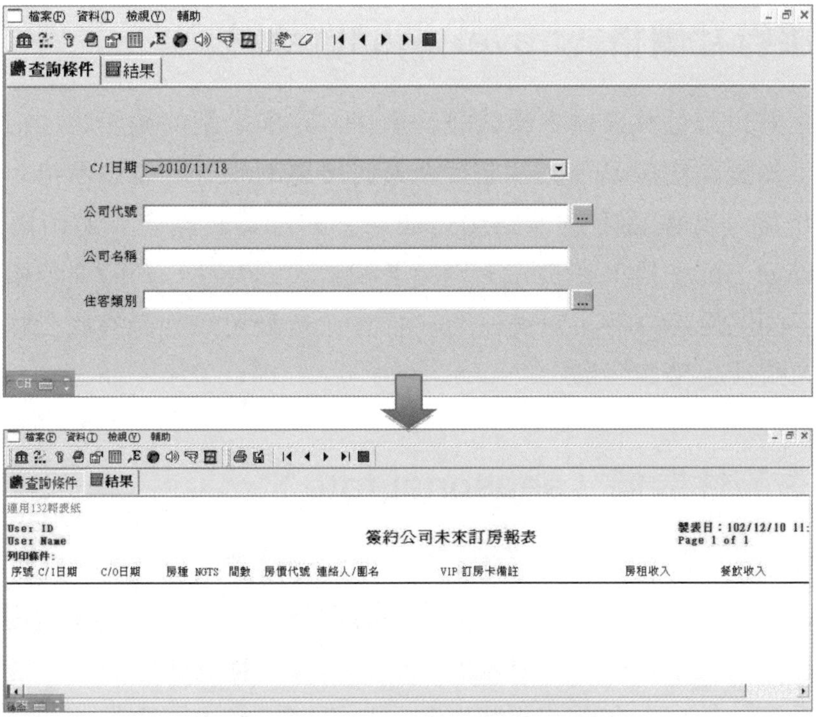

圖 3-3 簽約公司未來訂房報表

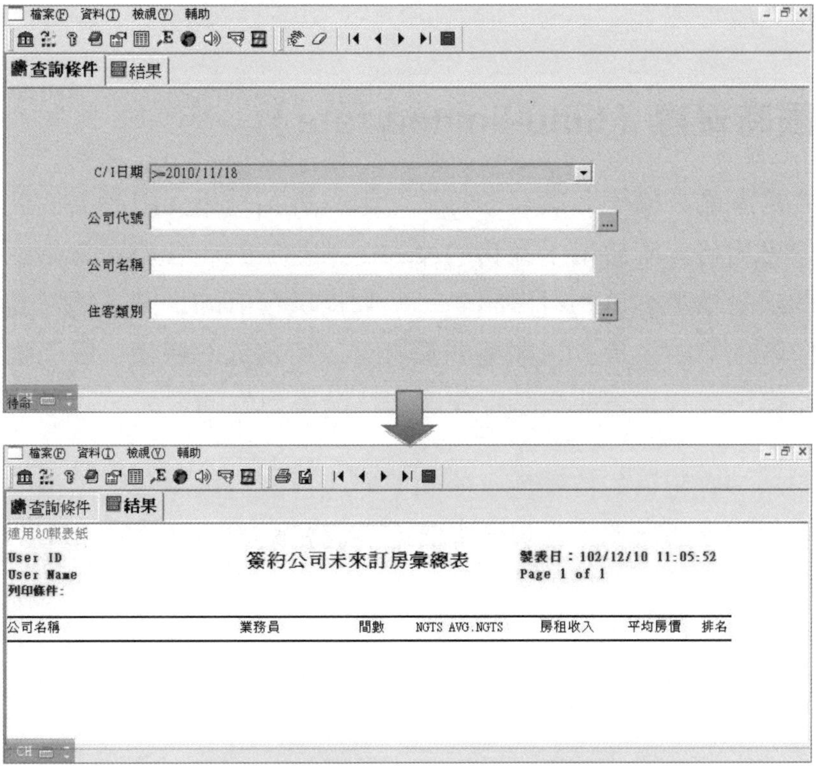

圖 3-4 簽約公司未來訂房彙總表

3-2-3　旅行社價格（travel agent rate）

　　旅館會針對旅行社提供專屬的簽約價格。許多大型的旅館及住宿波動性明顯的旅館，為提高住房率，與各旅行社簽訂優惠的旅行社優惠價格，以吸引團體旅遊的市場；此價格因遷涉到旅行社佣金的計算及團體旅遊市場套裝行程（tour package）的安排，在折扣上均給予相當大的彈性，同時亦會給予住宿旺季與淡季不同的優惠條件。對資訊系統而言 旅行社可以視為簽約公司，也可以透過上列方式設定優惠房價。

3-2-4　季節性房價（seasonal rate）

　　季節性價格是指旅館因應淡旺季需求所採取的差別性定價。在住宿明顯波動的旅遊地區，通常會制定二種不同的優惠房價，以吸引客人在住宿淡季時前往，例如在台灣墾丁地區，因氣候的限制，影響住宿的明顯起伏，各旅館會給予不同的季節性折扣；在台北都會區到了聖誕節前後，因國際性商務旅客返家過聖誕節，旅館住房率因而下降，在此季節即會針對另一目標市場：本國旅客提供優惠的住房折扣。

3-2-5　限時優惠（time-limited rate）

　　旅館客房產品具備不可儲存的特性，限時折扣是指受限於某個促銷時間內所提供的優惠價格。基於電子商務的發展，某些旅館於各旅遊網站上提供各種不同程度的限量搶購客房的訂房訊息，此類提供預訂的房間，通常僅限訂購當晚或近期時限住宿的客房，這類型的優惠可以用及低的房價，吸引臨時出差洽公的商務旅客，或時常留連網路中瞭解網路競爭型態的客人。

　　有時因為某些假日的特殊性，旅館業者也會透過網路吸引習慣使用網路的消費者，例如可以透過網路銷售情人節客房與餐飲的商品。

3-2-6　員工價格（employee's rate）

許多旅館通常會提供所屬工作人員特別優惠的住房價格，例如凱悅集團提供所屬員工每年一次至連鎖旅館一次免費的住宿優待，長榮旅館連鎖系統提供員工至連鎖旅館優惠房價。旅館接受員工住宿會在資訊系統內註記員工身分。

3-2-7　免費住宿（complimentary rate）

旅館總經理或高階主管會對重要客人給予完全免費的住房禮遇，有些重要客人甚至連餐飲消費均給予完全免費招待。免費住房可視為對潛在客人行銷工具之一，旅館中僅總經理或副總經理等才擁有此權限。免費住宿在旅館營收上需要特別註記計算方式。

旅館的計價方式在近年來已成為行銷策略之一，例如針對不同的目標市場所規劃的特惠專案，餐點部分即成為包裝的一部分。如果將餐點成本與住房費用同時考慮，一般旅館常見的計價方式包括：

1. 歐式計價方式（ruropean plan, EP）：EP 只計算房租費用，客人可以在旅館內或旅館外自由選擇任何餐廳進食。如在旅館餐費必須另外註記在客人的帳上。

2. 美式計價方式（american plan, AP）：AP 亦即的 full board：包括早餐、午餐和晚餐三餐。它的菜單是固定的，不另外加錢；許多度假村或 club 採用美式計價方式。

3. 修正的美式計價方式（modified american plan, MAP）：MAP 包含早餐和晚餐，這樣可以讓客人整天在外遊覽或繼續其他活動，毋需趕回旅館吃午餐（含二餐），許多休閒型的旅館採用這類的計價方式。

4. 歐陸式計價方式（continental plan）：包括早餐和房間價格。在台灣許多旅館採用此類訂價模式。

5. 百慕達計價方式（bermuda plan）：住宿包括全部美國式的早餐。

6. 半寄宿（semi-pesion or half pension）：與 MAP 類似。

在旅館內部的資訊系統設計中，旅館業者將會針對不同房間型態設定專屬的房價結構，以便資訊系統處理相關的訊息，操作人員可以進入「房間基本資料」之項目設定房間價格。當進入基本設定之後，可以設定不同的房間價格；本案例中設計住宿與休息不同的價格。此外，還可以針對不同的服務對象、住宿條件或市場區隔提供不同的優惠則扣。

電子商務的時代來臨，旅館視網路為其通路之一，旅館業者藉由不同通路提供不同的房價給予客人；同時，旅客可以透過網路查詢各家旅館的房價表，了解不同型態客房的房價，同時也可以查詢到不同旅館的即時房價。例如旅客可以透過連鎖旅館的網站，輸入希望查詢旅遊目的地的旅館。則可以依照輸入的條件，例如抵達的日期與預定離開的日期，尋找是當的住房產品與價格資訊。旅館會依照到適合的住房型態，並且提供旅客可以考慮的房間型態及其價格，同時會說明相關的設施說明與服務提供，讓旅客一目了然。

旅館業為資本與勞力密集的行業，且受限於其產品無法儲存的特性，住宿需求受季節、經濟等環境影響，容易形成住房淡旺季之差異，對營業收入而言，造成相當大的影響；由行銷的角度而言；在適當的時間內，提供適當的商品組合，吸引客人前來住房、用餐是每一位旅館經營者，所需要關心的。許多旅館除了發展簽約公司的制度之外，也會同時以會員服務制度吸引再度住宿（return guest）的忠誠度。例如喜達屋集團 <http://www.starwoodhotels.com/preferredguest/index.html> 提供的會員制度就是一例。

3-3 產值管理

產值管理（yield management systems；YMS）出現在 1980 年航空業中，漸漸地也在旅館業、運輸業、租賃業、醫療院所和衛星傳達等行業中出現；以美國航空所定義的為例，它控制平均收益與承載率使得收益最大，在適當的時間將適當的座位賣給適合的旅客，以達到收益最大化為目的。

現在產值管理系統出現在許多服務業中，包含了住宿、運輸、租借公司、醫院等產業。在產值管理的研究領域裡，大多都包含了幾個特性：存貨都具有不可儲存性、有固定容量的限制、較清楚的市場區隔能力、產品可以透過訂位

系統預先出售、需求的波動較大等特性，這些產品在固定時間內尚未賣出的存貨即會失去它的價值，因此業者可以在這「存貨」賣不出去之時，以不同價位折扣的方式來增加存貨的使用率，才能使其平均收益與承載率增加。

今日旅館業的廣大競爭之下，各業者無不想盡辦法來降低成本與增加收益。服務提供者面臨了許多問題，主要有時效性（perish-ability）和生產力限制（capacity-constraint），許多旅館業的管理者依據旅館對過去的旅客住房歷史資料、現在的訂房率、以及 No-show 的人數，利用超額定房（over-booking）來控制每日接受旅館預約訂房的數量。

超額訂房（圖 3-5）主奧的觀念來自於避免旅客因為無預警的原因而沒有依照預定的日期前來住房，由於旅客商品無法儲存的特性，以至於旅館的管理者必須防範已經訂房但是無預警沒依照訂房前來的旅客（我們稱之為 no show），對旅館住房率可能產生的損失，所以會用超額定房的策略來因應。也因此，理論上，超額訂房的是因應 no show 所對應的策略，因此旅館管理者必須很清楚旅館過去三至五年間的 no show 比例，在策略上，授權給旅館的訂房人員或業務人員有此權限接受旅客的超額訂房。

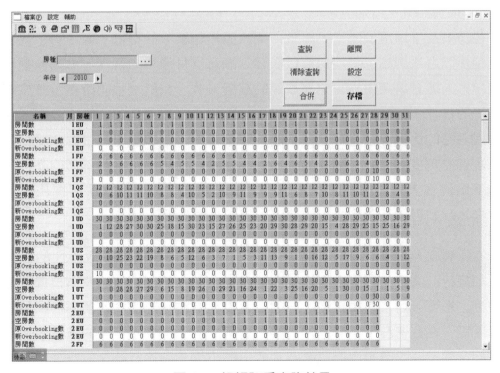

圖 3-5　超額訂房查詢結果

產值管理系統既然是一項可以依照銷售日期及銷售數量不同情況下，協助公司針對特定的顧客做適當的銷售機制，可以協助管理者在正確時間點與正確的價格下銷售產品。當服務業的生產力有限時，管理者運用產能的能力成為企業成功的要素之一。在生產力集中的服務產業中，產能管理系統可幫助業者得到最大的利益。對旅館產業而言，產值管理的目的是使每個房間獲得最大的收益。業者根據館的經營狀況，預估旅客對房間的需求和旅館所供給的房間數來訂定房價。

在學習產值管理前我們先回顧旅館經營的一些指標：

1. 住房率（Occupancy）：是指每日全旅館中出租使用佔房間總數之比例。
   （Occupancy＝出租之房間數÷可供出租之總房間數×100％）

2. 平均房價（Average Rate）：是指平均銷售（出租）每個房間的價位。
   （Average Rate＝客房出租收入÷出租之房間數×100％）

3. 平均住房停留天數：是指平均每位客人連續住宿之日數。

4. 客人再次抵達旅館之比例：指願意再次選擇回到曾住過旅館的比例。

住房率及平均房價通常是衡量一間旅館經營績效的指標，高住房率代表旅館出租房間之比例高，平均房價代表客人願意支付價格的程度，愈高的平均房價表示客人願意以高價格肯定該旅館的經營方式。相對地也同時顯示該旅館愈獲市場的肯定（顧景昇，2004；2007）。而平均住客停留的天數，及再度回到曾住過旅館的比例象徵著肯定該旅館的服務模式，才願意再度選擇該旅館。由旅館經營的角度而言，一間成功的旅館不僅關心住房率及平均房價的高低、同時也應瞭解客人對旅館實際體驗服務之後的態度、亦即會再次選擇旅館的指標，作為行銷目標及策略擬定的基礎，旅館事業始能永續經營。

在這種價格政策之下，旅館業對於不同目標市場區隔採取彈性的分級價格，如旅行社業者可以得到優惠的團體價格；另一方面，旅館業再根據住宿需求波動之影響，對淡旺季採取不同的彈性優惠價格，降價成為淡季促銷時常使用的手段。在此情況下，商品的價格在促銷的壓力下成為行銷的犧牲者。然而在旅館業住宿旺季時也由於已給特別的目標市場，如旅行社、航空公司等優惠

的房價，亦無法為旅館業者帶來更好的利潤，傳統的訂價政策無法為旅館行銷發揮效益。

　　產值管理系統依靠著多時期的價格和市場區隔的基本概念。產能管理系統的定價，依據這兩個概念來運作；舉例來說，產值管理將產品銷售切割成若干購買時期，票價依照時期而有不同。同時找出這些價格是困難的而且需要複雜的產值管理系統來分割時間、定價和在各價格的銷售限制，由另一個角度來說，我們可以將分割成若干個銷售的旺季與淡季。另一方面，在旅遊市場區隔上，我們可以把消費客人分成兩個區間：非價格敏感客人（price-insensitive）和價格敏感客人（price-sensitive）。通常非價格品感的客人會有較高的時間依賴性，例如許多商務旅客因為出差的需求，對旅遊產品會以時間因素為考慮，他們會傾向即時性的產品需求，因此願意支付較高的價格去購買旅遊產品。

　　另一方面；由差異化服務的觀點來看，旅館業面對不同的市場需求，可以由於兩個不同區間的差別，分隔出若干對於產業最大容量服務不同的評價區間；評價較高的區間，通常屬於願意為了服務付較多的錢，屬於非價格敏感客人；價格敏感的客人，對於產業最大容量服務的評價較低，願意付的錢也較少。從這兩個不同的區間裡，又劃分出三種服務其特性為：第一類為對價格敏感的客人，這類的客人會計劃性地提早預約，相對於非價格敏感客人，他們希望付較少的費用，因為他們對於產品和預約價格的價值認定較低。例如，當客人來自於個人或是家庭，他們會預先計劃假期和旅程，提早預約，以達到支付較低價格的目的。第二類為二非價格敏感的客人，這類的客人願意提早到達，而且願意付較多的費用，因為他們對於預約價格的價值認定較高。第三類客人並不會因為提前預約，或是到達時間的早、晚，而改變其花費的客人，例如：在餐廳的服務裡，晚到客人會得到和早到的客人一樣好的服務；對於提前預約的客人，是因為有特別的需求。所以，應該避免用客人到達時間，衡量其消費意願，而產能管理系統的定價策略。

　　產值管理系統可以根據 early booking 的數量來調整房價，也會在 overbooking 時停止接受客人訂房。YMS 系統最主要的目的是隨著每天時間的變化，調整每段時間的價錢（例如：在稍早的時間收取具有折扣的價錢；在晚一點的時間收取不具折扣的價錢），來有利潤性的填滿容量，以達到策略性價格增加產業利潤的目標。例如：旅館平時的一間房價為 100 美元，當這天的時

間愈來愈晚，且旅館大部分的房間也已經賣出差不多（但仍有保留一些空房），此時，YMS 系統就會自動調高每間房間的價格，來增加今天的利潤。

藉由績效管理的概念，在旅館業中，我們可以預測房間的可用性（forecasting availability）盡量達到館內客房數與接受訂房的客房數一致性。如果太過保守的估計，則旅館就有未售出的房間；接受太多的訂房，則旅館就無法讓 walk in 的客人順利進住，如此旅館利益的收取將會有所影響。

旅館商品的價格影響商品定位與旅客選擇住宿相互關係。價格的決定亦影整體營運收益；如果旅館商品訂價太高，無法將旅館商品力傳遞給消費者，旅館商品行銷力將嚴重的減弱；反之，若旅館商品訂價足以反應商品力，則其價格即能在行銷中顯現出來。由利潤的觀點而言，價格策略為旅館業在住宿旺季時獲得極大的利潤，而在住宿淡季時，以低的商品價格吸引旅客前來住宿以增加旅館住房率，並相對減少旅館業成本的支出，在淡季時發揮功能。要讓價格力依住宿的情況發揮不同的行銷力，即必須依賴不同的住宿資訊作不同的調整，當旅館住房率高時，接受願意支付高價的商旅客訂房，比接受支付較低價格的團體客訂房，更能為旅館帶來更高的利潤，而在住房率低的情況，即可以優惠的房價吸引旅客數量較大的團體客訂房，產值管理能將價格策略與住房率間的應用，將使旅館利潤提升。

3-4 價格策略與配銷通路管理

配銷通路管理是指創造理想的銷售通路，讓旅館業者能以節省成本的方式，將旅館商品售出，旅館業所涵蓋的市場層面愈廣，企業供給商品及旅客對商品需求距離之調整將愈困難。藉由釐清銷售通路，引導目標市場的顧客以最簡便的方式，獲得所期望的商品，並且讓旅館業者儘量減少讓中間商剝削，使企業較高利潤。

流通能力為在確保商品的有效供給下，設計並維持理想的配銷通路；以旅館業銷售通路而言，旅客由國外特約代理機構、國內外旅行社、航空公司、連鎖旅館、有業務往來之公司行號、政府單位及旅客自行前來等（顧景昇，2004）。

在資訊科技的衝擊下，旅館業者必須瞭解各通路、旅客訂房通路資訊，逐漸降低對配銷通路依賴的程度，藉由對訂房系統的策略使用，改變旅館銷售通路。

上一節我們提到，旅館商品的價格影響商品定位與旅客選擇住宿相互關係，通路的決定也是影整體營運收益的關鍵因素之一；如果旅館商品訂價太高，無法將旅館商品傳遞給消費者，通路商所呈現旅館商品的行銷力將嚴重的減弱；反之，若旅館商品訂價足以反應商品價值，則其價格即能在通路策略中顯現出來。由利潤的觀點而言，通路可以為旅館業在住宿旺季時獲得極大的利潤，而在住宿淡季時，通路策略可以用較低的商品價格吸引旅客前來住宿以增加旅館住房率，並相對減少旅館業成本的支出。在反應價格趨力的同時，通路的管理也成為旅館所必須面對的考慮因素。

就旅館業而言，選擇理想的通路必須配合企業政策，使得旅館業者對市場能有靈敏感應，並同時回饋市場情報，使旅館業者能隨時掌握市場的資訊，同時對產值管理提供回饋的資訊。但是，伴隨通路而來的是配銷通路效應與衝突；配銷通路的層級愈多，彼此間的利益的衝突愈多，所須花費衝突管理成本也就愈高。旅館業透過二段以上配銷系統形成的通路型態，雖然有助於解決帳款、票據上的風險，並且可以為旅館業者在營業淡季期間作推廣活動，但是在佣金給付上，對旅館業者形成相當大的負擔，如有利害衝突，中介者可能會以佣金作為議價籌碼，讓企業形成的損失。

3-4-1　旅行社與旅館的合作

傳統上旅行社以收取旅客的服務費用及來自於航空公司及旅館的仲介費用為其主要的營業收入來源，旅館業者藉由與旅行社與簽約公司之間的合作，有效的控制成本來增加營業收入；同時，旅行社與旅館與之間藉由彼此合作共同以減低支付航空公司佣金的壓力。旅行社在傳統的旅遊事業中扮演相當重要的旅遊中介者的角色，旅館業藉由與旅行社及簽約公司之間的聯盟合作，以發展長期穩固的關係，同時藉由彼此間服務目標與溝通服務標準，發展出彼此間聯盟合作對旅客的一致的服務，以滿足旅客的需要；也因此，旅館可以藉由彼此合作滿足旅客需要，創造旅客期望的價值，在激烈的競爭環境中並增加競爭優勢。

　　配銷系統中介者為旅館業與旅客之間僅涉及一個中介者，此中介者可能是國內接待代理商或是負責接持國外訪客的政府機構或企業等。此中介者可能無涉及佣金支付的問題，而只是扮演消費決策者的角色；例如接待國外訪客的政府機構或企業等，其為來訪的客人負責安排住宿的工作，僅代客人決定住宿的旅館地點，並不涉及與旅館業者間訂定佣金之問題。

　　旅館接收團體客的原因包括：因為團體生意佔有相當大的市場、團體客人帶來某些經濟效益、及團體代表有更多的花費。在實務工作中，許多旅館是以接受團體客源為主要的市場，團體住宿對旅館獲利扮演著重要的角色，包括觀光團、重大集會會議、有重要展覽的舉辦或是知名的表演團體來台等，都是旅館團體住宿的商機。對旅館業來說，團體的生意代表多樣的客源，包括大型的會議、博覽會、展售會，中型的公司會議，以至小型的旅行團、獎勵旅遊等，都佔有很大的地位。有些旅館住房比率中，團體客人就佔 90% 以上，大體上團體生意已成為很多旅館的主要依靠，且團體的訂房方式跟一般的不太相同，團體訂房需注意很多問題、小細節、優惠折扣方式等。團體生意對旅館的貢獻依型態而有所不同，有些旅館本身以接收團體客人為主，有些則在淡季時才收，接收團體生意會替旅館帶來相當高且固定的收益，所以業者大多願意面對這樣的市場。

　　在這些喜歡接收團體客人的旅館中，有一種較特別的旅館型態，就是賭博型的旅館，這種旅館雖然喜歡團體客人，但卻會從中選擇，其依據是客人對賭場涉及性之高低而定，因其主要的收益有一半是來自於賭場中。由於團體客人在住房期間，不單只有房價收入，同時會伴隨其他的消費，例如餐飲費，對旅館營收助益相當大；此外，在團體客人住房後和退房前的住宿期間，旅館可節省很多人力資源，例如前檯人員、行理員、房務部的人員等。另一方面，團體客人中。某些旅客是因公務而來，並不是自費的，所以他們比一般客人有更多額外的消費機會。

　　雖然團體生意會替旅館帶來很多好處，但有些旅館卻不喜歡，特別是商務型的旅館，因為業者怕團體客人會影響其他散客的權益，例如團體客人的吵鬧聲使散客有疏遠孤立的感覺或佔據設施等，抱怨因此而生，且旅館也會招致不好的聲響。在旅館業營運中必須要面對的問題是處理團體客要求折扣，接受團體生意需花費更多準備，且還要給予折扣。所以團體生意對旅館的影響在於自

我考量和定位，能否帶來更高的收益，都要先做正確的評估再決定是否接受或其比重等決策。

3-4-2 直接銷售體系

對消費者而言，旅客雖然可以藉由二段式以上的配銷通路，向預訂旅館取得較優惠的價格或中介者旅客在旅程上的其他旅遊服務便利，但是消費者亦必須承擔中們者未依約定訂房的風險；因此，降低旅館業與旅客之間的通路層級，對企業及旅客均能減少損失的風險、雙方獲益。

旅館直接銷售是指旅客透過網路、電話、傳真、信函及連鎖訂房系統等方式，直接向旅館預訂住宿房間，或者是在無預先訂房的情況下，直接住進旅館（walk-in）。直接銷售系統通常並無涉及給付中介者佣金的情況，但是如果旅客以連鎖旅館訂位系統取得訂房者，該住宿旅館必須依合作契約的規定，給付連鎖訂房系統一定比例之契約金給總公司，此金額比例較旅館給予旅行社之佣金為少。

旅館業對產業競爭情勢作比較，尤其對於各競爭者間客源結構資訊之掌握，尋求本身的區域目標市場，許多旅館業者選擇加入不同體系的連鎖旅館，就是想透過選擇與適當的旅館訂房系統（CRS）組合簽約，以增加由連鎖體系CRS訂房的客人；其次藉由提高旅遊資訊服務系統的服務，使得旅客由旅遊資訊服務系統即可直接獲得相關的住宿資訊，並可直接由旅遊資訊服務系統對旅館預定所須的商品。

就消費者而言，旅客可由更方便的 CRS 及旅遊資訊服務系統取的房間時，中介機構的角色則必須由以往的支配性角色轉變為整體旅遊服務的合作性角色；而旅館業者亦可由 CRS 與旅遊資訊服務系統的資訊回饋，即時調整行銷戰略。

電子商務盛行之後，旅行業者的功能逐次削弱，原因在於旅客可以透過網路查詢旅遊所需的航空班機或直接向旅館及航空公司定位及購買機票，相對而言，旅行社的傳統功能將轉變為提供旅遊商品資訊的功能。旅館業者逐步發展電子商務，希望能夠透過此通路的發展，直接或得旅客的訂房；同時，也由於電子商務的即時性，能夠彌補旅館商品不可儲存的特性，在最短時間之內，提

供旅客最具競爭力的房價，同時對於旅館尋找客房的需求，提供一份完善的介面，這使得旅館對於仲介者少了些許的依賴。

3-4-3 配銷通路中的廣告效益

廣告是溝通企業形象及產品特性與消費者間之橋樑，旅館業同時具有形及無形產品，廣告之主題、媒體之選擇及訴求之對象須作整體考慮，在媒體選擇方面包括報紙、雜誌、直接信函及電台等。另外公共報導是在公開之媒體上安排與旅館業相關之新聞，公共報導測重於旅館形象之建立響，為免費的廣告。

廣告是屬於事前販賣的一種方式，用以促進旅客進入旅館意念的決定，廣告包括廣告設計的表現力，及選用媒體的媒體。旅館業廣告力是將旅遊資訊服務功能擴大，讓旅客由旅客由旅遊資訊服務系統的螢幕介紹，增加旅客前來住宿的意願，此結合媒體力的方式，是旅館業廣告呈現之方式。

廣告的目的是提供旅客額外的激勵，誘使旅客願意完成某些增強的行為；即在特定時間內，激勵消費者對購買旅館產品之誘因，旅館的銷售促進通常是以優惠房價、配合節慶之客房暨餐飲商品聯合銷售的方式進行。促銷的功能在增加旅館在營業淡季的營業收入，或以銷倍促進的方式鞏固消費者忠誠度，例如連鎖旅館集點方式，與銀行合作發行簽帳卡等銷售促進之方式，使得消費者以參與會員，增加對旅館消費。

電子商務的時代，旅館透過網路旅行社或自營網站，提供了許多樣形式的廣告，例如旅館可以透過網路旅行社傳遞旅遊商品以吸引旅客；也可以透過廣告提前販售商品，以滿足旅館商品不可儲存的特性；銷售促進可分為對消費者或企業對企業二大類別，企業對企業的銷售促進亦稱為對中介者的促銷。對消費者的促銷的目的是要影響最終消買者；對中介者促銷旨在影響購買及轉售產品的中介市。

而對消費者及中介者促銷的主要差別，除了目標市場的不同之外，促銷的傳播方式亦不相同。旅館對旅遊消費者常使用的促銷傳播方式除了廣告的方式之外，旅館業的業務人員對中介者促銷行為中，業務拜訪（Sales Call）扮演相當重要的角色。電子商務的時代，旅館的促銷則是以行銷資訊系統為基礎，對

企業即時回饋消費者、企業本身與的競爭環境資訊，決定促銷商品內容及強化商品，同時可以對產值管理作適當的回應。並且在旅館促銷與通路的整合之下，業務拜訪比例將降低。

3-4-4　業務分析

　　旅館藉由蒐集並分析的住宿顧客資料變數，了解各旅館旅客目標市場的差異性；旅館業者除了分析交通部觀光局定期統計來華旅客中國籍與停留天數之外，同時也蒐集各旅館住宿旅客的國籍別等基本資訊，提供各旅館作市場分析之用。

　　旅館資訊系統提供各類型的住宿及消費分析功能。斯舉例本系統二功能：

1.　客戶交易排行紀錄：

　　在系統中，在『訂房報表』表單中，選擇『旅客來源分析統計』，輸入查詢條件，就可以列印出客戶交易排行紀錄（圖 3-6）

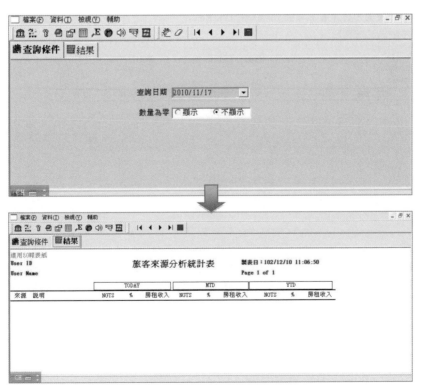

圖 3-6　旅客來源分析統計表查詢與結果

2. 旅客國籍分析：

在『訂房報表』功能表下拉表單中，選擇『國籍分析統計表』，就可以看到統計畫面，使用者可以利用分析圖了解來電住客國籍比例（圖 3-7）

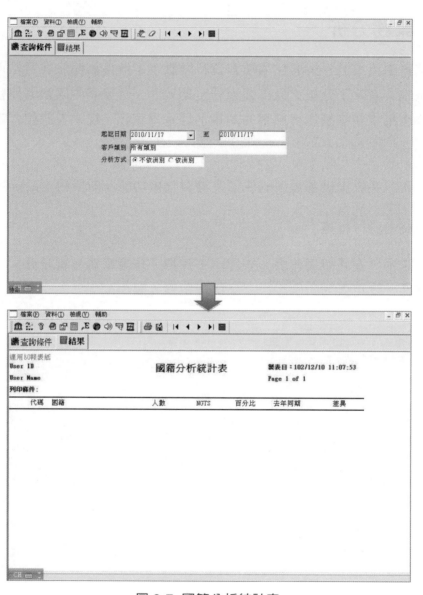

圖 3-7　國籍分析統計表

　　旅館以行銷資訊系統為基礎的行銷策略，將旅館行銷重點轉變為注重旅遊消費價值、強化商品服務；資訊之蒐集、分析、整合及掌握為旅館業行銷資訊系統發揮功能之關鍵。

參考文獻與延伸閱讀

顧景昇 (2004)，旅館管理。揚智文化事業股份有限公司。台北。

顧景昇 (2007)，餐旅資訊系統，揚智文化事業股份有限公司。台北。

Bayoumi, A. E.-m., Saleh, M., Atiya, A. F., & Aziz, H. A. (2013). Dynamic pricing for hotel revenue management using price multipliers. *Journal of Revenue and Pricing Management, 12*(3), 271-285.

Chih-Chien, C., & Schwartz, Z. (2006). The Importance of Information Asymmetry in Customers' Booking Decisions: A Cautionary Tale from the Internet. *Cornell Hotel and Restaurant Administration Quarterly, 47*(3), 272-285.

Gazzoli, G., Kim, W. G., & Palakurthi, R. (2008). Online distribution strategies and competition: are the global hotel companies getting it right? *International Journal of Contemporary Hospitality Management, 20*(4), 375-387.

Lee, S., Garrow, L. A., Higbie, J. A., Keskinocak, P., & Koushik, D. (2011). Do you really know who your customers are?: A study of US retail hotel demand. *Journal of Revenue and Pricing Management*, 10(1), 73-86.

Osman, H., Hemmington, N., & Bowie, D. (2009). A transactional approach to customer loyalty in the hotel industry. International Journal of Contemporary Hospitality Management, 21(3), 239-250.

Toh, R. S., Raven, P., & DeKay, F. (2011). Selling Rooms: Hotels vs. Third-Party Websites. *Cornell Hospitality Quarterly, 52*(2), 181.

學習評量

1. 下列何者是旅館提供客人主要產品？

   (A) 客房　　　　(B) 餐飲　　　　(C) 游泳池　　　　(D) 健身房

2. 下列何者非旅客選擇旅館的重要因素？

   (A) 客房設備　　　　　　　(B) 清潔維護程度

   (C) 健身房　　　　　　　　(D) 價格

3. 一般房間中設置二張單人床而成的雙人房，英文稱作：

   (A) Single Room　　　　　　(B) Double Room

   (C) Twin Room　　　　　　 (D) Ttriple room

4. 普通雙人床（Double bed）的尺寸為＿＿＿英吋？

   (A) 54 X 75　　　(B) 60 X 82　　　(C) 78 X 82　　　(D) 80 X 84

5. 一般而言，旅館均會區分為各式不同等級的客房，並收取不同的價格，並藉由房價表（Tariff）標示讓客人瞭解，此價格稱為＿＿＿＿＿＿＿。

   (A) 定價（Rack rate）

   (B) 季節性折扣（Seasonal rate）

   (C) 簽約公司價格（Cooperation rate）

   (D) 限時折扣（Time-limited rate）

6. 全部房間的總成本除以旅館的總面積，能得知一個標準面積的成本，在以房間的面積，乘以標準面積成本，即可得知房價，這是哪一種訂價計算法則？

   (A) 哈伯特公式（the Hubbart room formula）

   (B) 面積計算法（Square foot calculation）

   (C) 理想房價（The Ideal Average Room Rate）

   (D) 建築成本公式（the building cost rate formula）

7. 哪一種訂價計算法公式為總成本÷房間數×1000？

    (A) 哈伯特公式（the Hubbart room formula）

    (B) 面積計算法（Square foot calculation）

    (C) 理想房價(The Ideal Average Room Rate)

    (D) 建築成本公式(the building cost rate formula)

8. 哪一種訂價計算法公式是將基本費用、成本如：土地成本、建築成本店租、勞工、保險、稅金、維修保養費等的總和，加以計算並評估，即可得到平均房價？

    (A) 哈伯特公式（the Hubbart room formula）

    (B) 面積計算法（Square foot calculation）

    (C) 理想房價（The Ideal Average Room Rate）

    (D) 建築成本公式（the building cost rate formula）

9. 旅館業者發展許多不同的公式來訂定房價，來節省時間與其他成本的支出，下列何者是訂定房價所需用到的法則？

    (A) 哈特曼公式　　(B) 哈奈特公式　　(C) 哈洛公式　　　(D) 哈伯特公式

10. 商務型態的旅館為吸引商務人士經常往返出差之需，通常與各公司簽訂不同等級的優惠房價，此優惠房價我們稱之為：

    (A) 定價（Rack rate）

    (B) 季節性折扣（Seasonal rate）

    (C) 簽約公司價格（Cooperation rate）

    (D) 限時折扣（Time-limited rate）

11. 影響旅館住宿需求因素不包括：

    (A) 經貿活動　　　　　　　　　(B) 閒暇時間的長短

    (C) 旅館位置　　　　　　　　　(D) 餐飲品質

12. 遇到暑假旺季時，墾丁的旅館大多給予是指：

    (A) 定價　　　　　　　　　　　(B) 季節性優惠價

    (C) 同業價　　　　　　　　　　(D) 促銷價

訂房作業系統

　　旅館訂房視為旅館銷售的行為。對旅客而言,向旅館訂房為旅客確保住宿安排的一項過程;對旅館業而言,可以藉由旅館訂房情況,預估旅館商品銷售的情況,同時是做為服務旅客一項重要的過程。本章第一部分說明訂房作業與控制的觀念,說明學習訂房的步驟中,能夠將訂房過程視為行銷策略的一環。第二部分說明訂房人員的職責,與應具備的作業資訊,讓學習者了解接受訂房的過程中所應蒐集的資訊。最後說明訂房作業的程序,並分析網路訂房與旅館內接受訂房之後所做的處理。

　　張總經理常常需要到香港及上海出差,每次出差時都選定 Hyatt 為旅途中重要的住宿旅館,張總經理下個月必須在去北京與香港共 20 天,他請李秘書幫他代訂這二個地方的旅館。

　　李秘書如同往常一般,向這二個地區的旅館訂了房間,旅館也為張總經理安排好適當的房間。同時,旅館告知李秘書,未來可以利用網路直接訂房,只要將李秘書輸入公司的簽約代號和李秘書的密碼,也可以獲得相同的服務,李秘書感覺相當方便。

　　王經理擔任 Hyatt 旅館客務部經理,每天參加完公司的晨會工作報告(Morning briefing)之前,將截至今日預計的本月訂房預估表瀏覽一次。王經理注意到本月訂房預估已經達到 88%,預期住房績效已經不錯,但是他發現本月 20 日的住房率已經高達 96%,同時有一旅行團預定 40 間客房,王經理請訂

房主任確認此項訂房資料，並要求收取訂金，以確保雙方權益。王經理也注意到張總經理的訂房及過去的住房紀錄，指示牌房人員給予張總經理客房升等的禮遇。

同時，王經理請訂房主任可以了解該旅行團的住客名單資料，以方便瞭解客人習性或有特殊要求的部分，以便於未來一確認每一位預排房客需求的房間是否正確，同時可以提早準備對方提出特別需求。

訂房業務是連繫旅客及旅館作業之間一項重要的功能負責訂房業務的人員必須清楚地瞭解旅館客房設備特色、種類數量、訂價、折扣政策、優惠住房方案及相關之服務設施內容，同時必須溝通客人對住宿需求上的認知等，以圓滿地為旅館為客人在旅程中提供安心的住房資訊。

4-1 訂房作業預測

在旅館管理的思維裡，當旅館接受旅客的訂房之後，亦即代表該旅館願意出售旅館客房商品給予這位旅客；訂房作業是旅館銷售環節的第一部分，過去的研究中顯示，旅客對於計劃性旅遊得行為中，大多會先行預定旅館的客房產品。傳統上，在旅館以客為尊與家外之家的概念裡，一個旅館接受旅客訂房應該是在不需給付訂金的前提下所提供旅客訂房的，同樣地，旅館也不應以未付訂金的觀念取消旅客的訂房。

在旅館管理的程序裡，旅館會因為旅館本身的位置（例如山上）或是訂房條件（例如已經超過 95% 的訂房），對於旅客提出保證訂房的要求，保證訂房的意義為旅客必須支付 100% 的房價，以確保房間保留；相對地，當旅客為一訂房日期前往時，旅館可以收取這筆住房費用不退還給旅客；保證訂房在有前提的情況下保障旅館業者與旅客雙方的權益的一種策略。

由旅館內部作業而言，當旅館訂房部門接到訂房訊息後，應立即查閱預估訂房報表（forecast report）的資料，或旅館資訊系統中可查閱決定是否仍有空房，以便作決定是否接受訂房的處理。一般旅館在接受旅館訂房之後，會立即將訂房資料輸受電腦系統中，在協助訂房人員瞭解及記錄客房之型式、類別、

價格、折扣、貴賓優待及房間經常變化狀況，輸入資料必須正確，才能有效控制訂房。

旅館接受旅客訂房的基本做法可以分成二類：散客（F.I.T）與團體客人二部分。對於散客的處理較為單純，僅需立刻查閱住房狀況，就可以立刻決定接受的處理。相對於散客的處理，對於即將於旅館內開會或舉辦研討會、展示會（exhibition）、服裝秀等活動的團體客人，同時提供之會議或展示場地（function room），或是旅行社安排的旅行團，因為涉及價格的協商，以及旅館內部其他部門、例如與餐飲、宴會及相關部門聯繫有關租用等事宜，必須先調查房間與相關場地的使用狀況，再決定接受訂房的決策。

對旅客而言，向旅館訂房為旅客在旅行期間，確保住宿安排的一項過程；對旅館業而言，可以預估旅館商品銷售的情況，同時透過旅客訂房的資訊，是做為服務旅客一項重要的起始步驟。

旅客訂房時所需瞭解住房旅客的基本資料，包括訂房人姓名、連絡電話、公司名稱、抵達日期（時間）、班機號碼、接機需求、遷出日期、要求的房間型式、數量等。接受訂房的服務人員可立即依當季（時）客房所能提供的客房房價回覆客人，並註明於訂房單上，若為旅館的簽約公司，則可查詢簽訂的合約價格回覆客人。完成訂房程序之後訂房人員應由客人歷史資料中查詢出住房記錄是否需提供特定客房服務準備如升等安排，歡迎信函、鮮花、酒或其他應注意之事項。

客房銷售預測及訂房控制需要注意以下準則（Bayoumi, Saleh, Atiya, & Aziz, 2013; Bendoly, 2013; Neamat Farouk El, Saleh, Atiya, El-Shishiny, & et al., 2011; Zakhary, Atiya, El-shishiny, & Gayar, 2011）：

4-1-1　最適當的客房銷售方式比例

就旅館管理的角度而言，管理者應該制定是當銷售比例政策，以利於接受訂房的服務人員處裡訂房程序；旅館設計各式的客房，每日訂房須衡量客人對客房型式的需求、房價政策及淡旺季因素之考慮，而決定最適當預訂訂房比例，以產生最佳的客房銷售，能持續維持高住房率，是旅館營業應努力的重點。

4-1-2 超額訂房（overbooking）政策

旅館資訊系統可以協助服務人員清楚地計算超額訂房的數據；超額訂房的策略源起於旅館業為了避免旅客已經訂房，但是卻在未取消訂房（cancellation）的情況下，仍未出現在旅館中住宿（我們稱為 No-Show），所做的接受訂房策略。旅館應住宿高峰接受訂房時超收訂房是必要的，一般旅館會依照歷史資料，計算出取消訂房與 No-Show 的比率，按此比率做為接受超額訂房的比例依據。就實務而言，旅館管理者除了依照旅館本身的 no show 報表制定超額訂房策略之外，也應該注意旅館 walk-in 的客人比例，對於一些旅館而言，walk-in 的客人有時是因為臨時性的出差所造成，管理者如果可以適當地分析比例，不會對於第一線服務人員造成過大的壓力。

4-1-3 保證訂房（guarantee）制度

保證訂房制度原意是設計確保旅館與旅客之間的一項訂房設計；保證訂房至制度原意上是旅客為了確保商品售出後，旅客無法任意轉換或取消的設計（Mainzer, 2004; McConnell & Rutherford, 1990）；換句話說，當旅客做出保證訂房的決定之後，如果沒有依照訂房的日期，住進預定的房間時，旅館仍然可以收取一日的房租，此制度同時也保證旅客無論在何種情況下，都有權利使用房間，旅館不得另行出售已經接受保證訂房的房間[1]。

在住房旺季或旅客特別需求（如指定某一時間內之某一種型態的客房），旅館可要求客人做保證訂房；程序上，旅館可要求客人直接匯入保證訂房之金額或以信用卡授權書為客人辦理保證訂房。當保證訂房一經確認，旅館即須滿足旅客住房的需求，在房間不足時，旅館必須安排旅客轉住同級之旅館並代付差額。現在許多網路訂房的機制中，在訂房步驟中，加入信用卡付款的交易機制，這種機制可以視為保證訂房的一種設計，目的在保障旅館業與旅客可以透過這個機制，買賣雙方所認同的商品[2]。

---

[1] 許多旅客認為保證訂房的意義，僅止於「保證訂得到房間」，卻不知如果沒有依照訂房日期住進，將負擔一日的房租，這是對保證訂房制度的誤解。旅館接受訂房處理的人員，在接受保證訂房的過程中，應該以書面或是其他方式善盡告的責任，以確保雙方的權益，並避免發生不必要的誤會。

[2] 提前退房是否應該收取住房費用，必須視訂房的來源、旅館的住房政策而定。

在電子商務的時代裡，許多旅客會透過網路訂定旅館商品，在旅館往復訂房的機制裡，如果旅館在訂房流程裡要求旅客以信用卡支付客房費用，特別是以早鳥優惠（early bird）提供給旅客的特別優惠房價裡，說明不退款的部分，也可以視為保證訂房的一部分。

4-1-4　預付訂金（deposit）制度

當團體訂房或旅行社代訂房時，旅行社或制定一預付訂金的制度，以確保訂房的權益。一些位於風景區的旅館，由於位置因素，同時住宿淡旺季明顯，所以在接受旅客訂房的過程中，會要求旅客先預付若干訂金，才確保訂房成功。

對於保證訂房或預付訂金之後，如果旅客因某因素必須取消訂房的時候，每一間旅館對於旅客取消訂房所需負擔的費用不同。旅客在訂房時也應該詳加了解。

當旅客透過旅行社向旅館預定房間時，理論上會被視為已保證訂房的機制處裡，但有時會因為預定時間的時期長短，也可以被視為預付訂金的機制；當旅客因為某些因素而無法前往住宿時，必須向旅行社提出取消訂房的要求，而訂房費用是否可以退還，則必須視旅客與旅行社之間的合約內容，決定退款的額度，因此旅客面對透過第三者想旅館訂房時，更需注意相關合約的內容。

4-1-5　產能管理（yield management）的考量

旅館根據市場供需情況及住客客源之分析，制定不同的房價政策，對於不同的目標市場給予不同的優惠。因此訂房的資料即成為上述房價政策的參考，相對地，可由市場的變化，擬出不同的接受訂房策略，在客房銷售管理中，「產能管理」理論常應用於訂房策略之制定，即旅館營運高峰時，旅館制定較高的房價政策，使旅館平均房價及總收益增高，淡季時，可考慮以較低的房價提供給住客，以期增加住房率。在訂房預測上，可應用此產能管理理論，提高營運績效。

在實務上，第一線服務人員對於當日旅客訂房特別為難；對於一個已經超過 75% 以上訂房的旅館，多數的第一線服務人員心情上不願意接受預訂較低房

價（較低單價的客房），原因在於較低房價的客房已經被預訂完了，心情上，提供一個較高房價的客房給予一個只願意支付較低房價的旅客是不能接受的。一個有經驗的旅館客房主管，並須清楚旅館業產值管理的影響，不應只單單的受限於住房率或平均房價的表現；在產值管理的概念下，指示第一線服務人員有效地接受旅可訂房的程序，同時藉由排房的安排，讓第一線服務人員可以願意接受當日旅客訂房，這也有利於產值管理的表現。

4-2 訂房人員應具備的作業資訊

訂房人員的主要的職責為接受客人的訂房業務，包括接受旅客的訂房、住房的變更及住房的取消（顧景昇，2004；2007）。訂房人員需充分瞭解客房各類型態的產品內容、價格及數量及特定期間內促銷方案的特點，隨時與業務部門及客務主管溝通住房的情形，並在規定時間內與已訂房之客人確認（confirm）訂房。任務分派上包括訂房主管及訂房人員，主管須負掌握訂房情況之責。

一般旅館將在客務部門內設立訂房組，負責處理訂房的業務；主要原因在於訂房業務與住房接待聯繫密切，因此這種編制最為常見，訂房作業人員接受客務部主管的督導，在制定訂房策略時，也授客務部主管指示。

也有的旅館將訂房業務與業務部門結合，其目的在於當業務部門承接許多簽約公司業務，如果與訂房作業相結合，則可以同時處理業務與訂房作業，如果當簽約公司代訂旅客住房時，同時反應與處理旅客與簽約公司對於訂房作業上的需求及期待。

有些大型旅館，由於客房數量多，旅館會將訂房作業的層級提升，例如設立訂房中心，直接向總經理呈報訂房資訊，並且規劃訂房作業的政策，這對於旅館在預估訂房作業與調整訂房作業及房價上較具有彈性。

而連鎖旅館，特別是國際性連鎖旅館，會整合區域上的需要，設立區域性的訂房中心。現今電子商務盛行，需多企業結合相關旅遊資源，也成立網路訂房中心，提供旅客訂房業務。

　　訂房作業式旅館服務住宿旅客的起始，訂房人員首先需瞭解訂房作業中的專業訊息包括旅館訂房的來源：誰會訂房（Who makes to reservation），一般訂房的來源包括：

4-2-1　個人

　　指旅客直接向旅館訂房，因不涉及旅行社或其他第三者，此種訂房不會涉及佣金問題。旅館會依公司的政策而給予不同的折扣，或仍收取原價。除了旅客本人之外，旅客也會透過需要洽公的公司尋求訂房的協助，此時訂房人員雖然不是面對旅客本人，對於代訂旅館的接洽人員也要了解訂房內容及注意事項。

　　在我國，商務型態的旅館主要的業務來源為代旅客預定房間簽約公司，這些簽約公司每年預訂的客房總數少則數百間，多則數千間，負責訂房業務多為企業內主管的秘書，因此許多旅館特別禮遇這些簽約公司的秘書，以期在爭取旅客上獲得優勢。當旅館訂房人員在接受旅客個人訂房後，會將旅客資料記錄在資訊系統裡，在系統上如圖 4-1 所示。

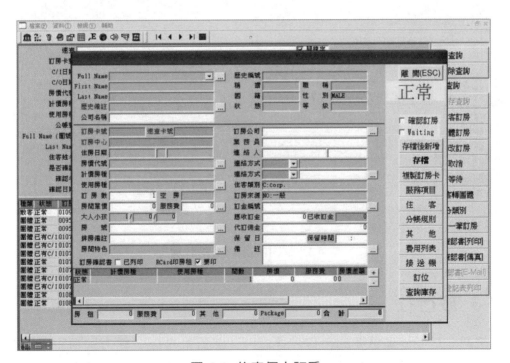

圖 4-1　旅客個人訂房

4-2-2 公司或企業團體

公司或機關團體訂房，會為某些活動而作團體訂房，例如為舉辦員工旅遊、獎勵旅遊（incentive tour），社團組織召開年會、各公司行號或機關團體辦理之講習、說明會或研討會等。企業的訂房由於人數較多，可與旅館商談較佳的優待禮遇，以及必須協調相關的會議及用餐場地，因此通常會由旅館業務人員與企業接洽相關業務，最後再將相關住房需求交由訂房部門。

許多旅館的業務人員會會議舉辦的地點及對象進行相關的業務拜訪工作，例如台北世界貿易展覽館定期舉辦的展覽，就位週邊的旅館業者帶來可觀的商機，相對地，這些旅館的業務相關人員則會積極的爭取相關參展廠商安排住房的工作。在系統上如圖 4-2 所示。

圖 4-2 公司或機關團體訂房

4-2-3 旅行社

旅行社是旅館業重要的合作夥伴之一，旅行社會以二種方式項旅館為旅客代為訂房，第一種為旅行社的團體行程裡必需的行程住房，此時旅行社必須已簽約的優惠房價位旅客訂房，力一種是旅客透過旅行社代買旅館客房商品；對

第一種情況而言，旅行社會透過領隊或導遊安排團體旅客住宿，第二種情況通常旅行社會提供旅客住宿卷，讓旅客以住宿卷住宿旅館。旅館對旅行社團體訂房可視情況要求給付定金，或做保證訂房，以確保客房銷售之情況。

電子商務的時代，旅行社也積極朝向電子商務上發展，旅行社除了傳統的規劃安排旅遊行程之外，也會與旅館或航空公司合作，提供旅館訂房的服務。

4-2-4 網站服務訂房

旅館業者因應電子商務的時代，也積極朝向電子商務上發展，規劃網頁內容與訂房的服務，現今也規劃及時訂房的服務，再交易的迅速及安全上，大大提升交易的保障。除此之外，旅行社也擺脫傳統的業務，朝虛擬網路旅行社發展；旅遊網站興起，提供給客人網路訂房的便利性，此類型的訂房會要求客人以信用卡作保證訂房後，也接受旅客的訂房要求。

旅館訂房人員除了了解訂房的來源之外，也要了解旅館所需要的客人資訊，這些資訊包括，如圖 4-3 所示：

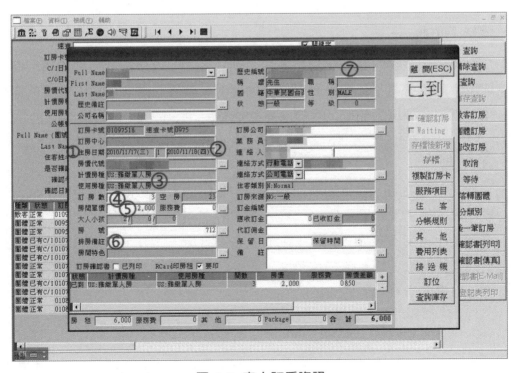

圖 4-3　客人訂房資訊

① 客人抵達日期（arrival date）：

抵達日期是指旅客住宿的第一日；訂房人員應清楚明瞭客人抵達飯店的日期（在系統中以住房日期所示）。若是全球訂房中心的服務人員更應知道旅客，會至哪一位城市及旅館的正確名稱。

② 客人離開日期（departure date）：

離開日期是指旅客的退房日期。旅客離開飯店的日期需清楚地確認，以便訂房作業不致有過渡超額訂房的情形。

③ 房間的型態（type of room required）：

客房形態是只旅客需要的客房類型；針對客人的需要或房間銷售的情況，提供客人該飯店適當的住房型態。

④ 住房的數量（numbers of room required）：

客房數量是指旅客需求的房間數。訂房人員應清楚地瞭解客人對房間數量的需求。

⑤ 價格（price）：

房價會依照旅客的身分（例如簽約企業的客人，或旅行社參團團員）而註明將收取的房價；依據被預訂住房的期間，讓客人瞭解該預訂客房的原訂價，折扣或優惠的額度及實際享有的價格。

⑥ 客人的訊息：

包括客人的姓名、聯絡的地址、電話，若代他人訂房則可同時留下代訂房聯絡人的姓名及電話；同一位客人若預訂二間以上房間，可詢問客人訂房名字是否可用不同人名或統一由一人名字訂房。此外，應同時詢問客人是否須安排接機，或班機抵達時間，更進一步瞭解客人可抵達旅館之時間，週延訂房的資料。

⑦ 客人住宿歷史資料（history data）：

若客人表示曾住宿該旅館，可由旅館歷史資料中瞭解住房紀錄，曾有習性或特別的需求，以使客人抵達前提供更好的安排。

　　訂房人員第三部分需了解旅客訂房的方式：一般旅客會藉由以下方式訂房：

1. 電話：這是一般客人最常使用的方式，無論任何時間，旅客透過電話及可以詢問或預定想要住宿房間的資訊；除了網路服務之外，多以此方式訂房。

2. 信函：過去以信函方式訂房者，大多以海外旅行社或是公司居多。通常旅行社在開立訂房單之前，會先用電話與旅館聯繫後，代旅館確認之後，再向客人開立訂房確認單。

   旅館在回覆旅行社或旅客訂房時，須註明是接受訂房（confirm）或是候補（on waiting），並將訂房注意事項記錄清楚，同時蓋上旅館訂房組印章，或由訂房部門主管簽字認可。

3. 傳真訂房：若訂房是以傳真方式，訂房旅館是否接受訂房係以旅館確認信函（letter of confirmation）回覆，其注意事項與信件訂房相同，現在由於信件往返較為費時，多以傳真回覆訂房結果。

4. 口頭直接訂房：此種方式以旅客本人在住宿期間、預訂下次宿期者為最常見，許多行程確定的旅客，常在離開飯店（check out）時，請旅館服務人員安排下一次的住房；此外，旅客也可以透過旅館所在當地的友人，到旅館訂房較多。

5. 國際網際網路：利用國際網路訂房為目前潮流趨勢，國外甚多旅館已將本身相關特色及基本資料，製作旅館網站，旅客只需藉由網際網路，即可依個人需求選擇適當的旅館，甚為方便。

4-3　訂房作業程序

　　清楚各項訂房資訊之意義後，訂房人者需瞭解完整的訂房程序及服務人員訂房過程中，應如何溝通完成訂房的程序。

　　旅館如果將客房商品透過網路接受訂房時，通常會考慮人工作業成本、旅客的方便性、交易安全性、及訂房的保證性等因素，規劃相關流程（Chih-Chien & Schwartz, 2006; Guadix, Cortés, Onieva, & Muñuzuri, 2010; Lee, Garrow, Higbie, Keskinocak, & Koushik, 2011; Meissner & Strauss, 2010; Neamat Farouk

El et al., 2011）。以單一旅館為例：旅客在進入旅館網站之後，找到線上訂房的部分；當進入訂房畫面之後，可以查詢各種房間的促銷資訊；旅客可以查詢喜愛的客房，在預定抵達的日期內，是否仍有空房可以提供；有些網路訂房步驟的設計是先請旅客先設定查詢預定住房的期間，系統根據查詢設定，提供旅客可以選擇住宿客房的種類及資訊，不同的設計各有優點。當選定預備住房的型態之後，網站會出現選擇的結果；如果預定住宿的日期中，某房間已經銷售完畢，則會請客人重新點選其他的客房型態，直到選擇完畢。

此種選擇的方式對於一次將住宿二種以上型態的旅客而言有些不變，因為在選擇的過程中，必須重新返回選擇介面，才可以進入交易的介面，這將會降低交易的意願。但對於必須選擇二種房間型態的旅客而言，當旅客在慎重選擇了訂房的過程中，重複選擇的步驟將減少取消訂房的機率，這會減少旅館內部對於取消訂房的處理。

再選擇完畢客房商品之後，旅館訂房系統進入付款交易機制，交易機制通常經由信用卡線上付款的方式完成，旅館同時會對付款訂房過程說明，此部分如同保證訂房的機制一般，除了說明付款後買賣雙方的權利及義務之外，同時也說明如果取消訂房所需的注意事項及應負擔的責任。

當付款完畢之後，訂房系統將請旅客填寫訂房者的基本資料，以供旅館確認旅客的資訊。訂房的基本資料如同本章前面敘述部分，除了住房者的基本資訊之外，旅客也可以透過這個步驟，向旅館提出住宿上的特別要求，如非吸煙樓層、高樓層等。

其次，如果以連鎖旅館而言[3]，旅客再進入聯所旅館的網站時，相對於單一旅館所不同的地方，在於旅客可以選擇相關旅遊的目的地，並且選擇相同品牌或相關的結盟業者，可以收詢到多種選擇的旅館，然後根據自己選擇喜愛的旅館，選擇訂房的作業：

---

[3] 請讀者參照國際連鎖旅館內容，例如長榮酒店國際連鎖<http://www.hotels.evergreen.com.tw/.>；喜來登旅館<http://www.sheraton.com.>

　　旅客也可以先選擇旅遊的目的地，系統將會出現目的地中可以提供的旅館資訊。當旅客選擇喜愛的旅館後，系統將會出現該旅遊目的地所有可以提供旅客住宿的客房商品資訊。當旅客選擇希望住宿的商品型態之後，網站會出現可以預約的日期及相關的價格資訊。

　　請旅客選擇預定住房的日期，旅客可以先了解客房住宿的價格。值得一提的是：某些旅館提供旅客輸入客房的型態步驟中，是詢問旅客住宿的成年人數、兒童人數，及希望客房內的床的數量，並不直接請客人點選房間名稱，這對於不常住旅館的旅客而言相當方便，旅客也不至於因為不了解旅館客房種類，而訂了不適合的客房。

　　當旅客選定了預計住宿的日期之後，系統會將此時期之內可以提供客房一併列出，同使說明客房產品與價格相關的資訊，旅客可以衡量住宿的花費，選擇喜愛的客房。旅館並說明訂房的注意事項，經由旅客確認之後，將進行付款的程序。

　　當了解訂房須知之後，旅館系統會請旅客留下訂房的資料。本例中，旅館請旅客先行登入成為旅館的會員，除了提供旅客訂房的服務之外，日後也提供旅館相關的訊息給網路會員。當選擇客房之後，將住客的資料填入，完成付款的程序，就算是完成訂房的程序。

　　旅客預訂客房之後，系統可以由網站上出現完成訂房的相關資訊，讓客人了解訂房的結果。除了網站畫面之外，旅館也可以透過電子郵件（E-mail）通知客人訂房的結果。

　　以上的例子都是在說明旅館如何運用資訊系統，讓旅客容易選擇並完成訂房的例子；再電子商務的時代，企業直接與客人接觸是相當重要的觀念，網路訂房的即時性與便利性顯得格外重要。

　　就內部作業而言，旅館業訂房人員對於接受訂房過程中，應隨時了解目前旅館內部客房銷售的狀況，一般而言，訂房人員必須根據旅客訂房的日期查詢房間數量是否充足，以確認是否可以接受訂房。如圖 4-4 所示：

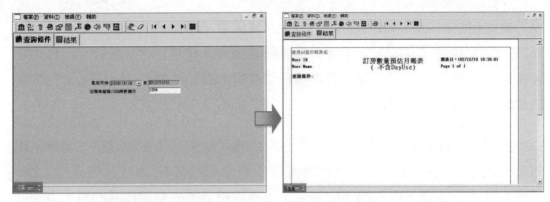

圖 4-4 旅館內客房數量查詢；在查詢界面輸入日期後查詢結果

　　無論旅客透過電話、傳真、信件與口頭方式向旅館服務人員訂房，如果訂房人員接受旅客訂房之後，服務人員紀錄下所需資訊，填寫訂房單即可，並將訂房資料輸入電腦資料即可。

　　對於非當日的訂房，服務人員可以進入系統畫面中，如圖 4-5 所示，在『飯店前櫃系統』下面子表單中，選擇『訂房查詢』功能，並在右邊『房間庫存查詢』中，進入『查詢』頁面，點選查詢『後七天』就可得知後七天的可售空客房的數量。

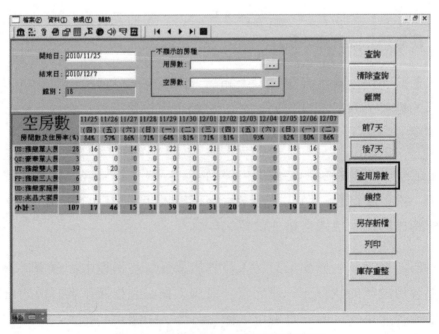

圖 4-5 旅館內後七天客房整理查詢

對於當日訂房，進入系統畫面中，如圖 4-6 所示，在『飯店前櫃系統』下面子表單中，選擇『訂房查詢』功能，並在右邊『房間庫存查詢』中，進入『查詢』頁面，就可以查詢當日可售空客房的數量。

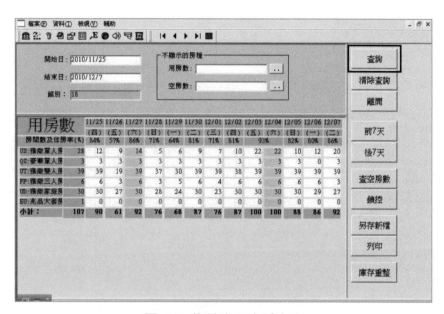

圖 4-6　旅館當日客房查詢

輸入相關資料，系統畫面（如圖 4-7 所示）會出現符合條件的住房名單：

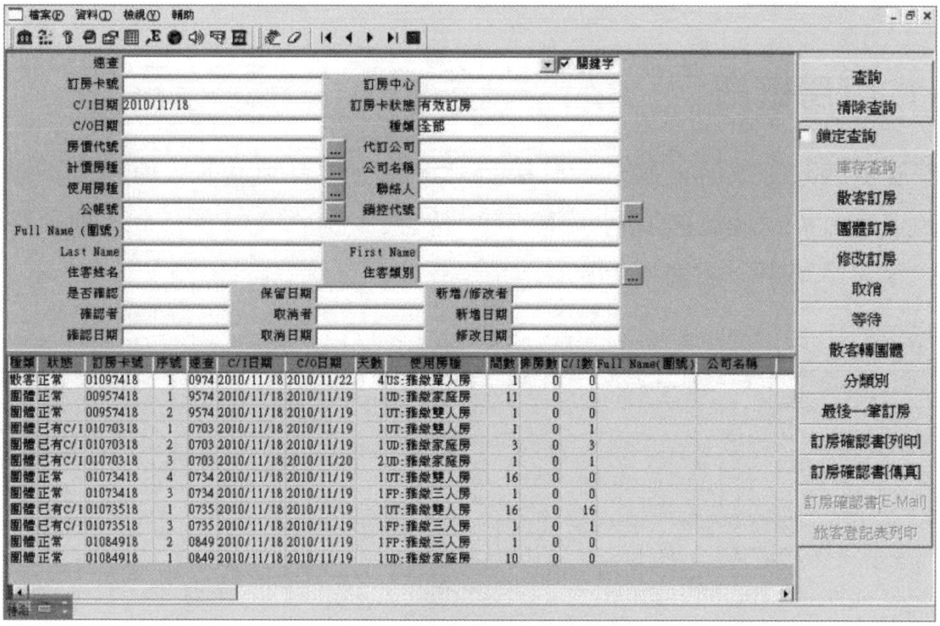

圖 4-7　查詢旅客住房資料

如果訂房旅客對於客房住宿有差異性的需求時，例如舉行婚禮所需的新人房，或是位貴賓所準備的客房，旅館可以透過鎖房（block room）的程序將特定房間保留。如圖 4-8 所示：

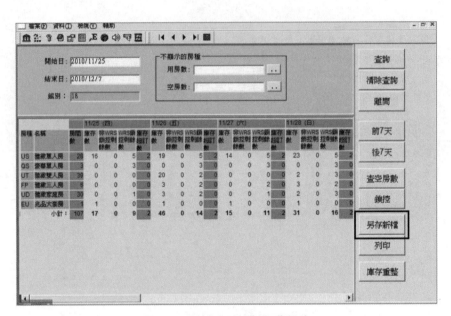

圖 4-8 旅館內客房鎖房程序

4-4 訂房資訊之查核

4-4-1 訂房確認

旅館依據政策或客人請求，於接受訂房後，旅客到達前，傳真或寄送訂房確認函予客人；以確認該訂房正確無誤。如果旅館收取旅客訂金，則須將訂金資料記錄在系統中，如圖 4-9 所示：

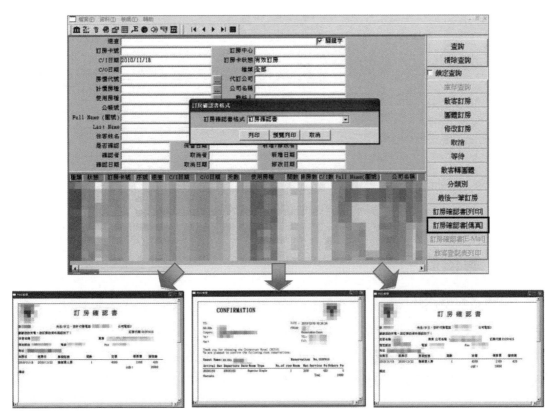

圖 4-9　訂房確認單；中文、英文及簡易版訂房確認單

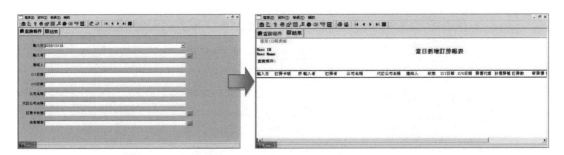

圖 4-10　當日新增訂房總表

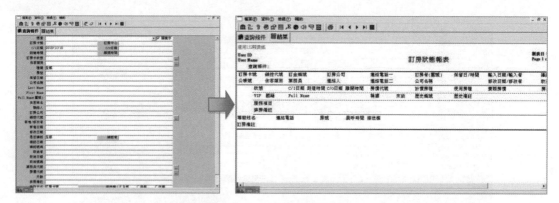

圖 4-11 訂房狀態報表

4-4-2 等候訂房

當旅館營業高峰時,未能及時給予確認訂房之客人安排客人至等補狀況,等到有客人更改或取消訂房時,即依需求而予以確認,資訊系統中,在『飯店前櫃系統』下面子表單中,選擇『訂房管理』功能,並在右邊『訂房管理中』中,進入『查詢』頁面,選擇『等待』將客人資料輸入後,將訂房狀態調整至等候訂房。如圖 4-12 所示:

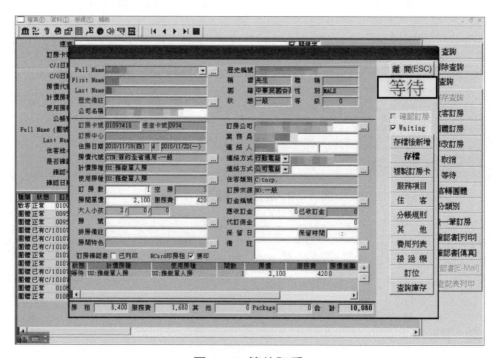

圖 4-12 等待訂房

4-4-3 取消訂房

　　當訂房確認之後，取消原訂房稱為取消訂房（cancellation），客人若有行程變更應主動向旅館取消，以保持良好之訂房記錄，及避免旅館之損失。當旅客通知旅館取消訂房時，接受通知的訂房人員僅需將資訊系統中此筆訂房的記錄狀態改成「取消」即可，此記錄並非自系統中刪除；如圖 4-13 所示：

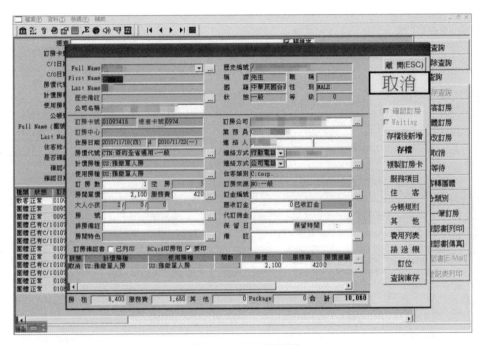

圖 4-13　取消訂房

　　旅館同時可以印製取消旅客的統計名單，做為行銷的分析。

　　如圖 4-14 所示。

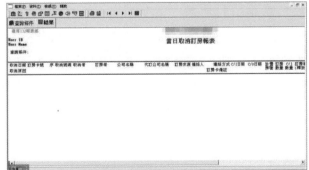

圖 4-14　當日取消訂房報表

4-4-4 更改訂房

　　旅客因班機、行程變更，而改變住房日期，可由旅館作更改訂房，以保障訂房權益。當旅客更改訂房時，僅需將原訂房記錄依照客人的需求調整訂房內容，不用再次輸入新的訂房記錄；系統會記載訂房更改的時間，以做為未來追蹤訂房記錄的參考，如圖 4-15 所示：

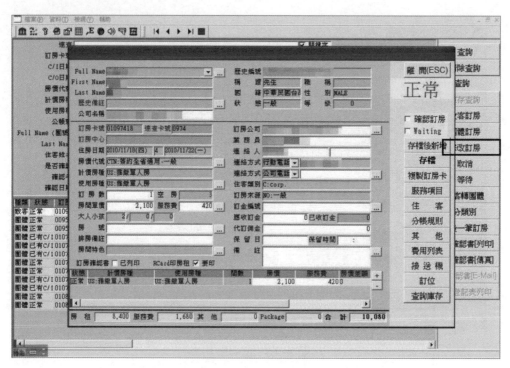

圖 4-15　更改訂房

4-4-5 未出現

　　當確認訂房後，未於住宿當日住宿，旅館會將該訂房資料以未出現（No Show）方式呈現，若為保証訂房，旅館亦可收取一日之房租。與取消訂房相同的部分，當旅客未出現，僅需在系統中將該筆訂房記錄變更為未出現，並且印製未出現報表，也可以做為行銷的參考。如圖 4-16 所示：

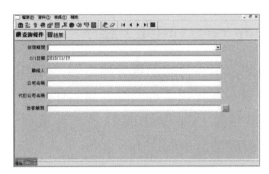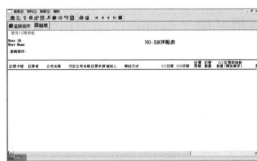

圖 4-16　No Show 報表

　　訂房組靠客房銷售預測報表對客房銷售的掌握，同時對於每位客人因行程靠客房銷售預測報表變更而產生訂房狀態的改變，如變更訂房、取消訂房能隨時將變更資訊輸入電腦以維持訂房資訊之完整，同時能正確地產生客房銷售報表。在客人住房前數日視訂房狀況將等候訂房者納入確認訂房中，以讓客人能在行前即安全規劃行程前來住宿。如圖 4-17、5-18 所示：

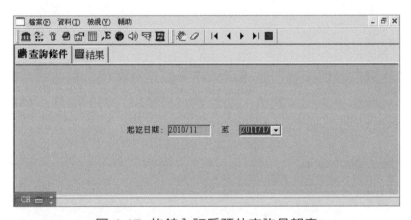

圖 4-17　旅館內訂房預估查詢月報表

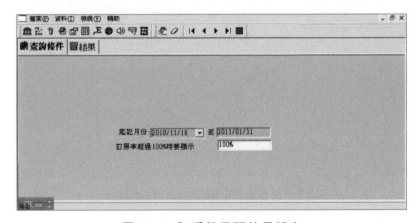

圖 4-18　訂房數量預估月報表

團體訂房（accommodating the group reservation）程序

除了一般訂房的客人之外，團體旅客的市場亦為旅館經營的重點，團體訂房的形式很多，例如公司內團體旅遊、會議、展覽或者是獎勵性旅遊住房等，均受旅館經營者的重視。國外有許多賭場型旅館（Casino Hotel）亦逐漸重視團體旅客的開發，國內許多渡假區旅館亦重視團體訂房的比例。

在處理團體訂房資訊確認時，應格外注意訂房的種類與數量，避免因為資料輸入錯誤，而產生訂房預估上的錯誤若接受團體訂房，基本上處理團體訂房仍依一般訂房的程序辦理之外，訂房單上另應註明團體名稱，訂房主要聯繫人、付款方式及住宿期間其他相關設施之準備，如會議室、用餐等。

處理團體訂房通常由旅館業務部門（marketing & sales Dept）負責，業務部門會跟據團體訂房公司之目的，需要及期待合理的優惠房價，而與該團體簽約合約，並議定付款者付款方式、期限及相關取消訂房之限制等，以保障雙方的效益。

訂房資訊對於旅館業客房服務與業務行銷是一個相當重要的基礎，訂房人員在處理訂房資訊中應相當謹慎，為旅客服務提供完善的服務，也在作為行銷部分之用。

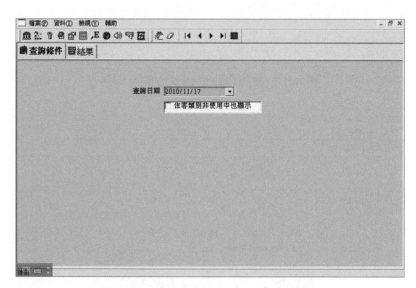

圖 4-19 Market Segment 分析報告

　　旅館可以透過績效管理的概念，去預測房間的銷售程度，並且盡可能的銷售房數；有些旅館可以考慮旅客 walk-in 的比率，在接受訂房及房價調整上做出最適當的預估，並且提升飯店的營運績效。

　　另外，有別於以往所用的訂房紀錄手冊，現在已開發一種自動化的系統，亦即以房間型態來查詢並追蹤房間是否已租用以及房間的狀態（例如 O.O.O、O.O.I 等），不再以過去使用房間號碼的方式來做登記，大幅節省時間。諸如此類績效管理的運用，使得作業更有系統、更為便捷，並且使企業更有利可圖。然而，對企業來說，開始產能管理的施行是要非常小心的。當管理方面專注於使產能最大化時，公司可能會只專注在短期利潤，而忽視了長期利潤及提升服務品質、調整產品缺失等事務。許多服務組織會成公式因為他們提供高品質服務。專注於有效率的使用資源會使的管理人員的注意遠離服務，而這將會導致顧客相當多的財務損失。

參考文獻與延伸閱讀

顧景昇 (2004)，旅館管理。揚智文化事業股份有限公司。台北。

顧景昇 (2007)，餐旅資訊系統，揚智文化事業股份有限公司。台北。

Bayoumi, A. E.-m., Saleh, M., Atiya, A. F., & Aziz, H. A. (2013). Dynamic pricing for hotel revenue management using price multipliers. *Journal of Revenue and Pricing Management, 12*(3), 271-285.

Bendoly, E. (2013). Real-time feedback and booking behavior in the hospitality industry: Moderating the balance between imperfect judgment and imperfect prescription. *Journal of Operations Management, 31*(1-2), 62.

Chih-Chien, C., & Schwartz, Z. (2006). The Importance of Information Asymmetry in Customers' Booking Decisions: A Cautionary Tale from the Internet. *Cornell Hotel and Restaurant Administration Quarterly, 47*(3), 272-285.

Guadix, J., Cortés, P., Onieva, L., & Muñuzuri, J. (2010). Technology revenue management system for customer groups in hotels. *Journal of Business Research, 63*(5), 519.

Lee, S., Garrow, L. A., Higbie, J. A., Keskinocak, P., & Koushik, D. (2011). Do you really know who your customers are?: A study of US retail hotel demand. *Journal of Revenue and Pricing Management, 10*(1), 73-86.

Mainzer, B. W. (2004). Fast forward for hospitality revenue management. *Journal of Revenue and Pricing Management, 3*(3), 285-289.

McConnell, J. P., & Rutherford, D. G. (1990). Hotel Reservations: The Guest Contract. *Cornell Hotel and Restaurant Administration Quarterly, 30*(4), 61.

Meissner, J., & Strauss, A. K. (2010). Pricing structure optimization in mixed restricted/unrestricted fare environments. *Journal of Revenue and Pricing Management, 9*(5), 399-418.

Neamat Farouk El, G., Saleh, M., Atiya, A., El-Shishiny, H., & et al. (2011). An integrated framework for advanced hotel revenue management. *International Journal of Contemporary Hospitality Management, 23*(1), 84-98.

Zakhary, A., Atiya, A. F., El-shishiny, H., & Gayar, N. E. (2011). Forecasting hotel arrivals and occupancy using Monte Carlo simulation. *Journal of Revenue and Pricing Management, 10*(4), 344-366.

學習評量

1. 保證訂房的意義為旅客必須支付多少比例的房價，以確保房間保留？

   (A) 50%　　　　(B) 70%　　　　(C) 80%　　　　(D) 100%

2. 旅館接受旅客訂房的基本做法可以分成哪兩種類？

   (A) 散客與直客　(B) 散客與團客　(C) 散客與同業　(D) 直客與同業

3. 下列哪一個的策略源起於旅館業為了避免旅客已經訂房，但是卻在未取消訂房（Cancellation）的情況下，仍未出現在旅館中住宿（我們稱為 No-Show），所做的接受訂房策略？

   (A) 超額訂房　　(B) 保證訂房　　(C) 預付訂金　　(D) 產能管理

4. 旅館根據市場供需情況及住客客源之分析，制定不同的房價政策，對於不同的目標市場給予不同的優惠，這種方法稱之為：

   (A) 訂房　　　　(B) 產值管理　　(C) 保證訂房　　(D) 優惠管理

5. 若要查詢非當日的訂房，在旅館系統中的哪個地方可以查詢到？

   (A) 等待訂房　　　　　　　　　(B) 房間庫存查詢
   (C) 更改訂房　　　　　　　　　(D) 訂房確認

6. Guarantee reservation 是指：

   (A) 保證銷售　　(B) 保證訂房　　(C) 免費早餐　　(D) 延後退房

7. Guarantee reservation 如果 no show 至少要收多少房價？

   (A) 一晚　　　　(B) 一小時　　　(C) 全部　　　　(D) 半天

8. Overbooking 之主因？

   (A) Walk-in　　　(B) No show　　　(C) Due-out　　　(D) Out of order

9. 一般訂房的來源包括下列哪幾項？
   a.個人　b.公司或機關團體　c.旅行社　d.網站服務訂房　e.walk in

   (A) abce　　　　(A) acde　　　　(A) abe　　　　(A) abcd

10. 下列何者資訊是訂房人員一定要知道的資訊？

 (A) 旅客姓名   (B) 訂房人姓名 (C) 護照號碼   (D) 身分證字號

11. 下列何者資訊是訂房人員不是一定要知道的資訊？

 (A) 旅客姓名   (B) 入住日期   (C) 班機時間   (D) 退房日期

12. 訂房單跟旅客登記卡之間的差別在於二者之間沒有以下何者資訊？

 (A) 旅客姓名   (B) 入住日期   (C) 房價   (D) 退房日期

旅客遷入手續

　　旅客遷入作業是旅館與客人面對面服務的開始，服務人員在旅客到達前一天就必須開始準備旅客入住的事宜；自掌握旅客的資料、機場接待、櫃檯接待、安排適當的客房、提供資訊詢問服務等，是旅館櫃檯提供旅客遷入服務程序中相當重要的環節。顧客抵達飯店時有機會面對服務中心裡各種不同職位的員工，像是泊車人員、門衛、前檯人員、行李員等等，這些人員皆在顧客抵達時扮演很重要的角色，他們所創造的正面或負面的服務都會讓顧客對旅館產生期望上的第一印象，所以在顧客到達後，辦理遷入的過程是尤其敏感的，因為前檯人員與顧客的溝通是即時而無劇本的，所以聰明的前檯人員會評估並試著了解顧客們的需求。

　　隨著科技資訊的發達，把這項技術應用在此作業管理系統上，不僅提高管理效益、同時處理大量之團體客人，也節省了顧客的等待時間。而飯店額外的資訊、登記卡上的簽字、信用卡問題、以及試圖推銷較高價位的客房等都是必須在幾分鐘內完成的，太過快速的遷入手續會令人覺得急促而無禮；過慢則會令人感覺飯店沒有效率性。而員工所對顧客傳遞的服務流程是環環相扣的，每一環節必須謹慎管理才不會使顧客產生不滿和抱怨，如何能夠完善的傳遞這服務的流程就需透過品質的管理了，而有良好的品質管理即是成功的提供顧客想要的和做好員工的妥善管理，如充分的授權、充分的獎勵及充分的訓練等，如能做好這兩方面的管理，相信必能有好的服務品質。本章及是介紹各項作業的流程，及彼此的關聯性，學習者應清楚地了解各項作業的意義，及培養作業的正確性，以便銜接次章節所述客帳作業及旅客遷出的作業服務。

　　王經理擔任旅館客務部經理，每天參加完公司的晨會工作報告（morning briefing）之後，即將今日預計到達旅館的客人名單瀏覽一便，指示接待主任瞭解特殊要求的客人習性，並逐一確認每一位預排房客需求的房間是否正確。

　　Mr. Smith 為酒店的常客，王經理發現：Mr. Smith 已經住房超過 100 晚，王經理本次將為 Mr. Smith 升等客房。但另一方面，Mr. Smith 因為班機延誤，由香港撥了一通電話到台北預定的旅館，請旅館務必保留房間。

　　等到班機到達後，旅館接待的貴賓車已經準備好接待的工作了；當住進旅館（Check in）時，旅館早已為 Mr. Smith 安排好適當的房間，櫃檯接待服務人員從容地取出房鎖，引領 Mr. Smith 到房內，讓 Mr. Smith 每次都感覺到回到家一樣的溫馨。

　　Mr. Smith 剛抵達旅館，發現離開航站大廈時少取了一樣行李，立即請 Concierge 協助，旅館服務中心的張主任，憑藉其多年的工作經驗，請客人敘述行李的特徵，並立即聯絡航警局服務人員協助尋找。

　　五分鐘之後，張主任接到航警局電話通知以尋獲行李，張主任請 Mr. Smith 影印護照證明文件，並草擬帶領行李委託書，交待機場接待將行李領回。

　　櫃檯接待是客務部服務的中心，處理旅客抵達旅館前的準備事宜，及旅客抵達後安排房間等工作，必須和訂房組、房務部、工程部等部門保持密切的連繫，以求提供完好的房間狀況給予客人；另一方面客人從客務部所受到的服務也可以看到旅館的服務水準。對旅館訂房的運作而言，旅館管理系統營收管理上扮演及重要的角色：包含了運用巧妙的價格及時間策略，消耗易逝性商品給有需求的顧客。運用資訊系統及價格策略來配給，正確的物品給正確的顧客；在正確的時間及正確的價錢（Hanks, Cross, & Noland, 2002; Harrison, 2003; Kim & Qu, 2014; Kostopoulos, Gounaris, & Boukis, 2012; Lewis & McCann, 2004; Mainzer, 2004; Min, Hyesung, & Emam, 2002; Noone, Namasivayam, & Heather Spitler, 2010; Ramanathan, 2012; Shahin, 2010; Zakhary, Atiya, El-shishiny, & Gayar, 2011）。幫助預測需求等級來制定價格。因此價格敏感性的顧客願意在離峰期付出滿意的價格來購買產品，而非價格敏感性的顧客也會再尖峰期付出滿意的價格購買。

5-1 櫃檯接待的職責

　　許多飯店業者認為，客人的抵達程序，只是單純、簡單的歡迎客人、確認資料、付費、選擇房間而已。其實不然，這整個過程是，客人第一次對飯店產生實際的感受，所以抵達和 check-in 的過程，常被認為是關鍵時刻（the moment of truth）。在辦理登記的同時，也有許多事情正在發生：客人被歡迎；訂房已被確定，客房被分派；設施需求再次確定等；服務人員在此時也試圖利用最後機會賣出更好的房間；確認客人名字（正確拼法）及住址；推銷旅館的餐廳及設施等。但即使這是一些平常動作，前檯人員仍須密切注意突發狀況，且態度必須冷靜、友善。

　　旅館大廳櫃檯代表旅館重要的門面，訓練有素的櫃檯接待服務人員，常常能使顧客在踏入旅館的大廳時，就產生一種賓至如歸的感覺；由於旅館櫃檯服務人員為二十四小時全年無休地位旅客提供服務，接待服務人員必須掌握旅客住宿的相關訊息，並且做好交接工作，以落實客人服務的細節；本節將介紹其主要的工作職責，及其工作交接重點。

5-1-1　櫃檯接待員的職責

　　櫃檯接待員主要工作為接待客人住房工作，其工作職責包括：(1) 瞭解各房間的型態、陳設、樓層位置及各類旅客的房價。(2) 準備住宿的前置工作；(3) 房間的安排與控制。(4) 接待住客辦理住宿登記。(5) 為住客開立住房總帳和各類明細帳，處理公司既定的信用卡、支票、現金入帳作業程序；(6) 掌握住房狀態，製作有關客房銷售的各種報表。(7) 管制客房鑰匙。(8) 辦理客人貴重物品的存取。(9) 維持與各部門連繫，通過電腦、電話、單據、報表等方式和途徑，把客人的有關資料傳送給旅館各個部門。

5-1-2　櫃檯接待工作的班別流程

　　因應我國勞基法律定的工時及工作特性，一般而言，櫃檯接待工作為大致分為早班、晚班及夜班等三個班次，各班次依時間及工作特性，各有不同工作範圍，分述如下：

1. 早班：早班工作的主要內容包括，確認今天要賣的房間，包括：有哪些是可立即使用房間、有哪些要 check-out 的房間，以便稍晚售出，再跟房務部作核對，最後前檯人員對所有可出售房間作進一步確認，同時也估計並保留 walk-in 客人的房間數，因此一整天下來資料會被修改很多次。

   早班服務人員必須透過資訊系統做好工作：確實瞭解將當日抵達的旅客名單中特別的住宿需求。與大夜班接待人員做好交接班工作，及瞭解特別需要注意的問題。所必須面對的是大量旅客遷出的工作，同時必須準備接待即將遷入的旅客的服務，對房間的控制與帳務處理格外需要注意。此外早班服務人員與房務部核對房間整理情況，做好接待客人和分配房間的準備工作。同時提示房務部當日提早抵達的旅客，將客房優先整理。對當天延遲退房或續住的房客在中午十二時前與房務部確認。協助辦理退房工作。最後整理該班退房客人所有帳務。

2. 晚班：晚班面對的是大量遷入的旅客與每日未被預訂客房的銷售問題，服務人員工作重點包括與早班接待員進行交接，瞭解今日抵店客人名單及預定排房，尤其是 V.I.P.客人的住宿要求。與續住旅客確認離開旅館日期。檢查輸入資訊系統中住房客人姓名、房價、離開日期、特別要求及付款方式有無差錯。準備好翌日抵達旅館的訂房單資料。並與夜班接待人員交接班。

3. 夜班：大夜班所需面對的是帳務的稽核、稽核報表的整理及少數遷入或退房客人的服務；服務人員的工作重點為（根據櫃檯接待組的工作特點，要與晚班接待人員做好交接班）。其次是再檢查電腦中住房客人姓名、房價、離開日期、特別要求及付款方式有無差錯。許多旅館已經將夜間稽核與大夜班服務人員合併，因此大夜班必須負責列印或製作各種統計、營業狀況報表。此外大夜班應該有效率地遞送各式報表至各部門。最後與早班接待員進行交接班。

旅館資訊系統提供交接班次功能，以方便作業服務人員交接業務，在交接班過程中，如果不同班別之間有特別事項必須交接，可以利用系統紀錄交接內容[1]。

5-2 客房遷入作業服務

旅客到達旅館之後的第一件事即為登記住宿，若旅客為第二次之後再度住宿同一旅館，多數的旅館會保留旅客的住宿資料，作為提供服務的重要資訊（Dube & Renaghan, 2000; Hervás, Rodon, Planell, & Sala, 2011; McConnell & Rutherford, 1990; Siguaw & Enz, 1999; Zakhary et al., 2011），旅客再次住進旅館時僅需簽名即可。

旅客住宿必須登記的目的有三：其一為確定客人的住宿日數，亦即旅館藉由確認客人的離開旅館日期，以掌控住房情況態。所以客人抵達旅館前的訂房資料和抵達旅館後填寫的住宿登記單是旅館掌握住房資訊的關鍵，做好接待服務工作，縮短登記住房程序。其次利用客人資料的累積為顧客歷史資料；此部分可做為旅館的市場行銷分析，調整經營策略以加強競爭力。第三：累積客人正確的住宿資料，俟客人再次前來住宿時，能掌握最正確的住房習性的資訊，提昇服務品質。不僅可使館方知悉客人的特殊要求，以提昇客人的滿意程度，同時也使旅館掌握客人的付款方式，縮短退房程序及結帳時間，並提高旅館的住房業務預測。

5-2-1 客人遷入的前置作業

為確保旅客住宿的正確性與迅速性，在辦理客人住宿登記及分派房間前，櫃檯接待人員必須有充份瞭解客房及欲住宿客人之個人需求特性，以確保工作的正確與順利進行，櫃檯服務人員會在旅館遷入的前置作業，即可掌握將要抵達旅客的資訊，同時藉由以下介紹的各項報表，可以提其做好接待工作，茲敘述如下：

---

[1] 旅館交接班紀錄除了運用資訊系統之外，也會利用「log book」紀錄交接事項。

1. 訂房預估報表：在客人住宿前一天，櫃檯接待人員預先瞭解每日客房預訂
   數目、超賣情況及後補等輔助報表，以掌握客房數量。櫃檯服務人員藉由
   此報表瞭解各類型客房已經銷售的情況，以及可以銷售的房間型態及數
   量。如圖 5-1 所示，可使用日期查詢訂房預估報表：

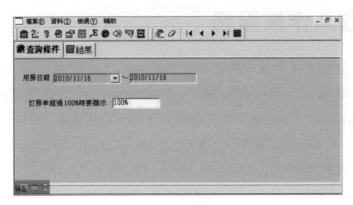

圖 5-1 訂房預估報表

2. 當日到達旅客名單（the arrivals list）：當日抵達客人名單是指遷入當日所
   有已訂房客人名單，包括客人姓名、離開旅館日期、訂房者（聯絡人）的
   姓名、聯絡電話、房間型態、數量、價錢、住宿需求（如非吸煙樓層）、
   班機代碼等，以便於安排適當客房及旅客接送安排的訊息。如圖 5-2 所示：

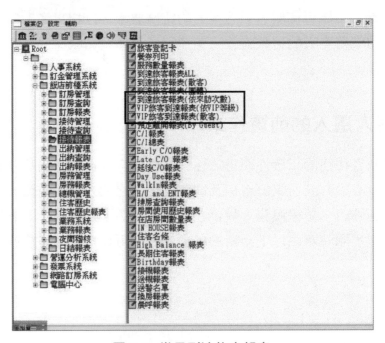

圖 5-2 當日到達旅客報表

本書示範系統中，可以自系統畫面中，在『接待查詢』右方表單中，選擇
『住客查詢』功能之後，如圖 5-3 所示，填入查詢條件。

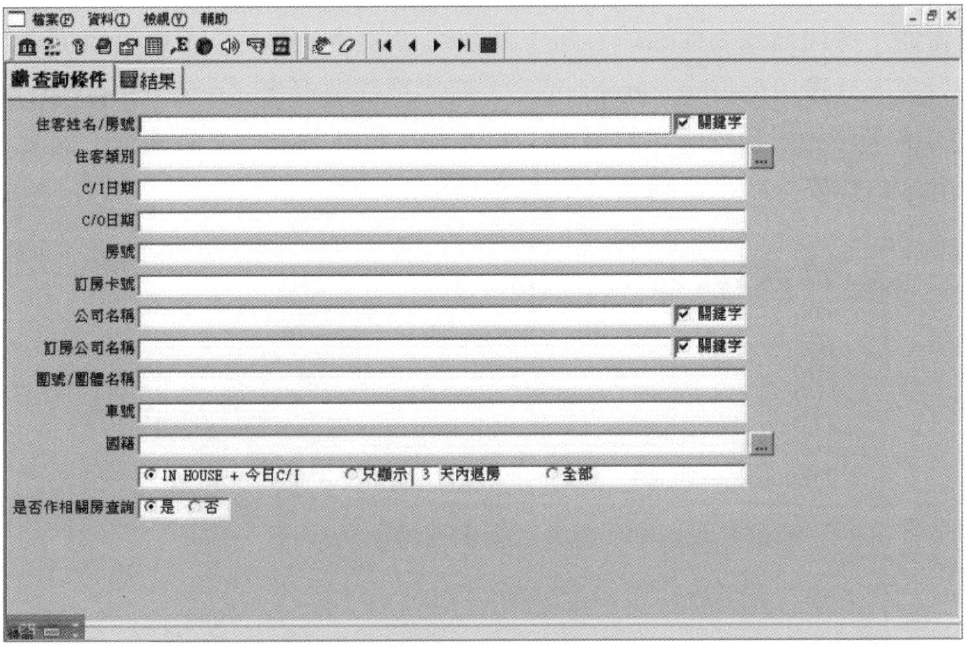

圖 5-3　住客查詢

查詢當日預備到達的旅客名單：旅客名單如圖 5-4 所示。

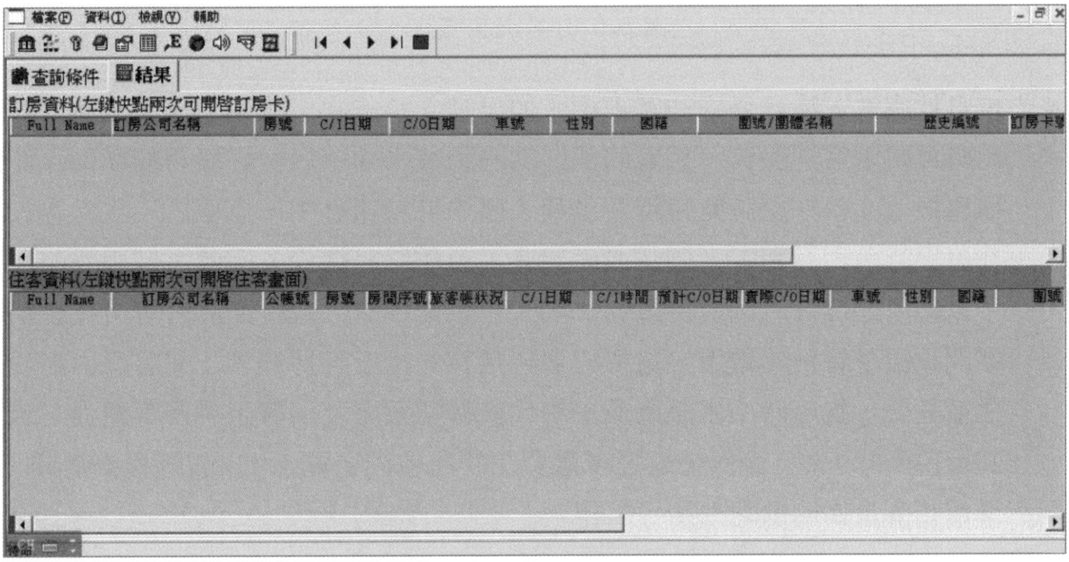

圖 5-4　住客查詢名單結果

3. 歷史檔案資料（the guest history information）：櫃檯接待應根據當日抵店客人名單，查看是否有建立客人歷史資料，以瞭解客人曾經住宿的特殊要求或服務，以使客人能夠住宿愉快。根據歷史資料，可以瞭解客人住房的習性，例如喜愛高樓層的客房；住宿的次數及日數，以配合旅館提供之升等禮遇計畫（upgrade program），或累積住宿優惠（referred programs）提供客房住宿升等或相關優惠；或客人特有的需求，如高樓層、偏愛香蕉等，以作安排時週延考量。如圖 5-5 所示：

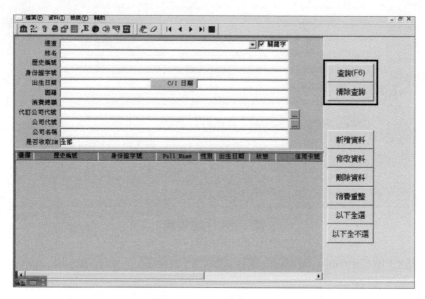

圖 5-5　住客歷史查詢

4. 當日抵店客人特殊要求注意事項：如果客人第一次至旅館或因需求而於訂房時會要求特別服務，相關的部門就必須被告知，以做好服務的準備。而櫃檯接待人員亦應將此特別要求列入歷史資料訊息中，以便於下次當客人在訂房時，即可與客人確認或再為客人預作服務準備；同時，經由旅館所予以禮遇之 V.I.P.，包括政要、名人、企業負責人或長期顧客等，在住宿期間須給予特別的禮遇。這些禮遇包括事先給予客房升等，在客房內辦理住宿登記，抵店時由旅館高級主管代表歡迎致意及引導至客房等禮遇。若為重要公眾人物，旅館總經理或重要主管將會同公關部門，做好檢查房間、準備花朵及協助歡迎拍照等工作。

5. 列印住宿登記單：為了減少辦理住宿登記的時間，接待員先把住客的住宿登記單先列印好，諸如姓名、地址、抵店與離開旅館日期、付款方式等，

一旦客人到達，只需查看資料是否正確，隨後簽完名字即可完成登記程序，以減少等候時間。資訊系統也允許將訂房資料直接轉換成住房資料。如圖 5-6 所示：

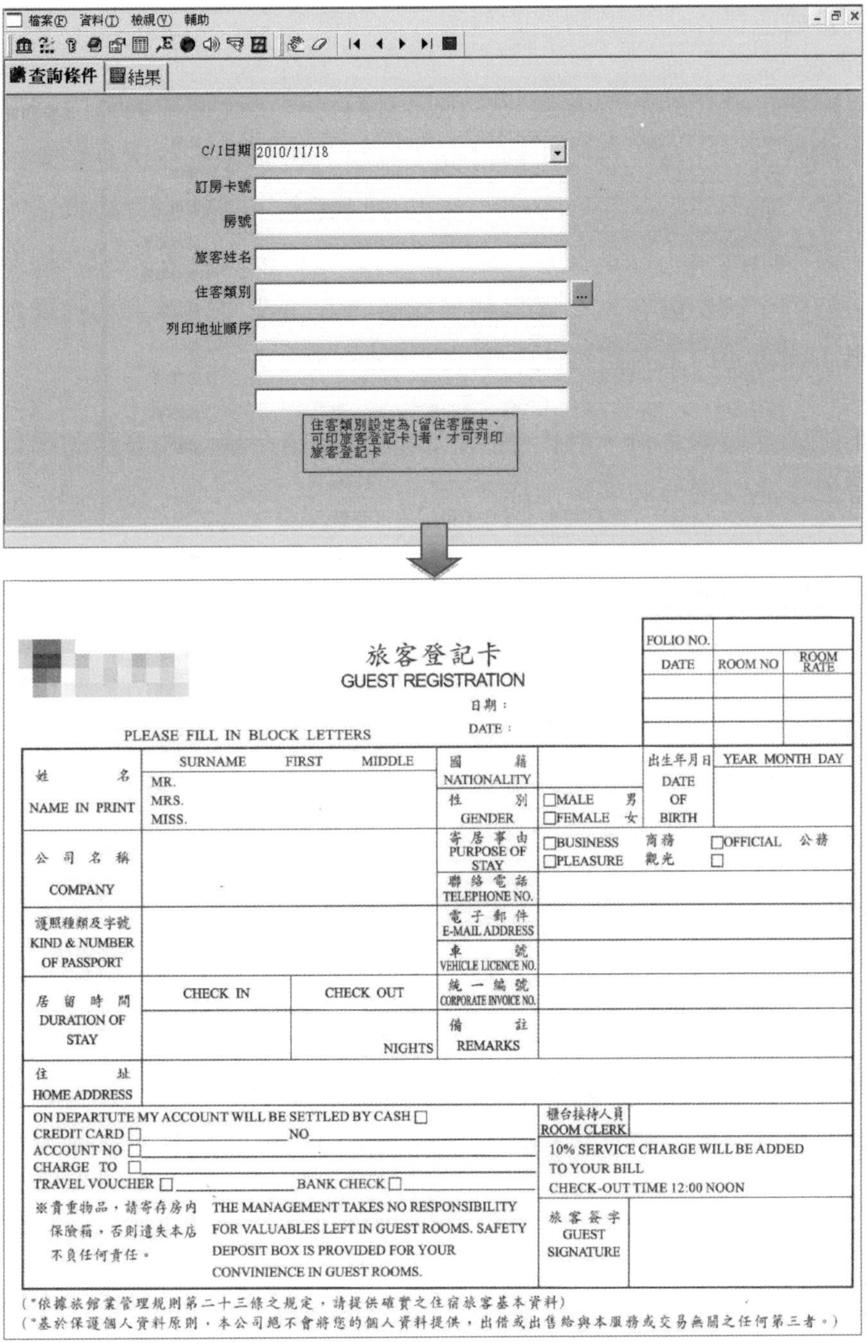

圖 5-6　旅客登記卡查詢與製作

5-2-2 機場接待

機場接待應瞭解每日住客抵達名單，並核對每班班機到達時是否有本館旅客搭乘該班機，以便作適當的安排與接待工作。機場接待員是站在旅館的第一線，必須養成配掛本店之識別證的習慣，以迎接客人。

當有班機之到達時間因氣候或其他因素而提早，延遲或取消之情況發生，應隨時依照狀況，注意旅客及班機情況，發現訂房旅客不在預訂搭乘之班機乘客名單上時，並不表示該旅客不來，而很有可能會搭乘其他飛機抵達，機場接待應立即與旅館聯絡，以掌握客人動向；接到旅客後，應妥善照顧行李及安排車輛接回旅館，切勿讓客人久候車輛。如有特殊情況要請客人稍候或等時間較長時，應以婉轉的口氣告訴客人，讓客人明瞭情況。

當正確接到住客之後，應與旅館取得聯繫，讓在旅館內服務的同仁有充分的準備等旅客完成接待的準備工作。

5-2-3 房間分配的要領

資訊系統可以協助旅館服務人員分派房間。在客人到達前，櫃檯接待必須持有一份最完整而正確的客房現狀報表，以瞭解當日住客使用狀況。同時藉由顯示各種房間的情形，以安排當日抵達旅客是當的房間。客務與房務可以清楚地瞭解客房使用與房間整理的進度，以便迅速地安排客人住宿；客房狀態可分為住宿中、空房清潔中、可售空房、故障房等，說明如下：

1. 可售空房（vacant / clean）：此狀態表示已經整理完成，隨時可以售出的房間。

2. 退房待整理中（check out / dirty）：如果客人退房不久，前台會將房間狀態更改到此狀態，可以讓房務部了解，房間可以進入需要整理的狀態。

3. 住宿中（occupied room）：表示客人正在住宿當中，並未於當日退房的房間。

4. 故障房（out-of-order room）：這種狀態表示房間無法提供旅客使用，可能是因為房內某些設施故障，或是重新裝修的房間，此類型房間狀態需在整理完成之後才可售出。

5. 指定房（blocked room）：這些房間基於某些理由保留給特定的人士，例如保留給 V.I.P.人士或旅行團，或是房間基於旅客習性而經客人訂房時已指定。

6. 館內人員使用（house use room）：此狀態是指館內服務人員因值勤需要而住宿的房間，此房間狀態並不計入住房率及平均房價；一般而言，旅館總經理或高階主管住宿的客房即是以此狀態表示。

　　房間狀態資料可以幫助櫃檯接待員正確也銷售房間和調整房間的銷售。分配房間必須按客人的訂房狀況、抵達旅館時間、住宿條件的狀況、分配正確及適當的客房予客人。如果前檯人員對房間很了解，就可以快速的使客人訂房。這個系統可在得到顧客名單時自行分配房間。例如有人訂了一間double-double，這個系統可以顯示他自己選的房間，但前檯人員也可以要求系統顯示出所有的 double-double 的房間（包括已準備好的、還沒準備好了和故障的）。系統可以提供預先安排房間的功能。如圖 5-7 所示：

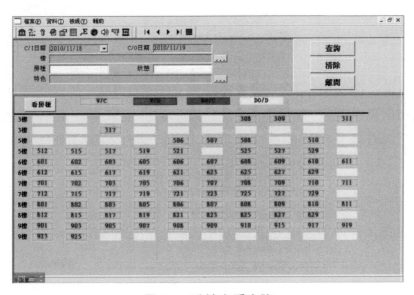

圖 5-7　系統空房查詢

對於已經分派的房間，服務人員可以進入系統畫面中，在『接待查詢』右方表單中，選擇『住客查詢』功能，可以了解預先安排房間的狀況[2]。

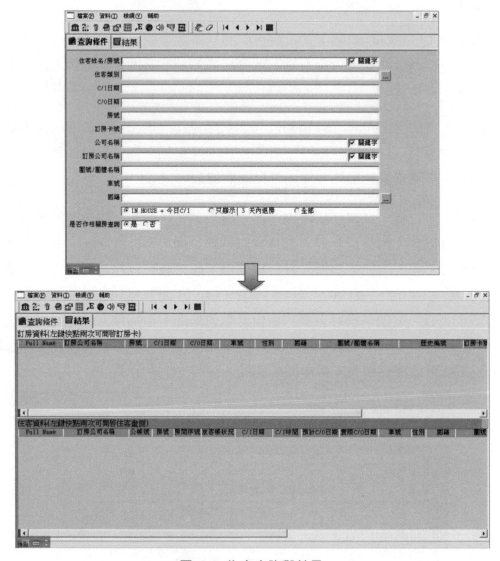

圖 5-8 住客查詢與結果

　　對於提早抵達旅館之客人（early check in），客務部基於服務的觀點，應優先安排昨日未售出之客房，若有特別需求之客房，應會請房務部優先整理，以利客人遷入，而對於當日延遲退房之客房（late check out），應排給較晚抵達之旅客，以使房務部有充分的時間整理最完美的客房給客人。

　　旅館資訊系統中，進入系統畫面中，在『接待管理』右方表單中，選擇所需功能之後，依畫面指示選擇安排的房間號碼，如圖 5-9 所示：

圖 5-9　接待管理

　　畫面會出現住房作業畫面，服務人員依所需要的服務程序選擇在區塊之功能完成。如圖 5-10 所示：

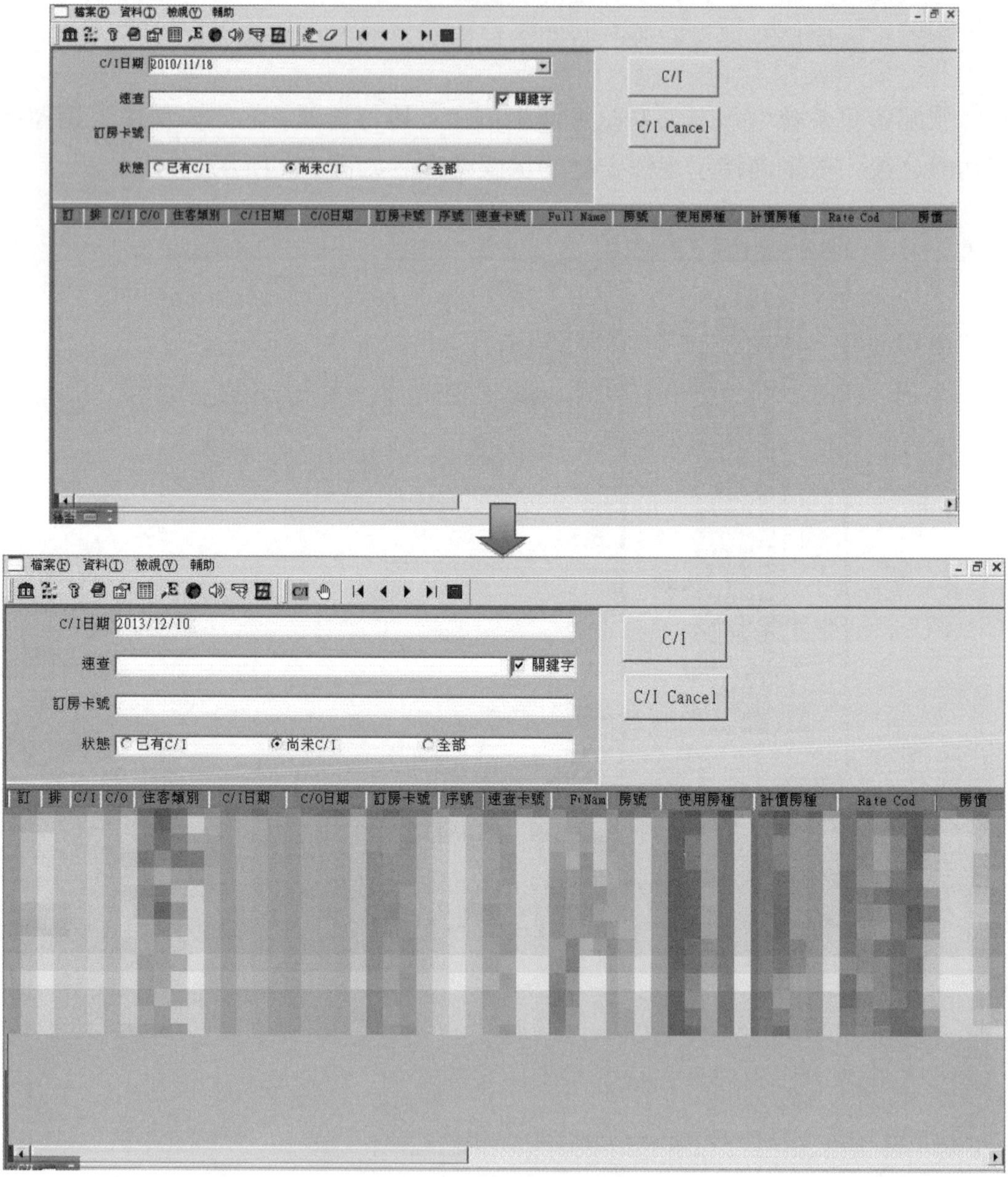

圖 5-10　住客 Check In 系統畫面

　　禮遇排房或是事先分配房間給顧客是為了確保可以達成特殊的要求。一個細心的前檯人員會預先保留一些特別的房間。例如，連通房、無障礙房間、特殊房號的套房等取代性低的房間。當已準備好的房間很多時，預先保留的房間數就會少。當飯店超額訂房時，就會建立一個顧客的優先順序，從主管的訂房、VIP、保證訂房一直排列下去。但是真的沒有房間的時候這些優先的顧客也必須等待。服務人員可以把預先訂房的數目輸入 PMS 的系統內，這樣可以防止房間的重疊，也可以在客人要求更改訂房時快速的處理。

　　針對某些客人的特殊需求而保留某些房間。當訂房少時，並不需要 block 太多房間起來（圖 5-11）；相對地，當有特殊訂房需求時，就會 block 一些房間，同時建立優先次序表。通常較細心的前檯經理會提早將特殊旅客先 block 起來，其中包括：connecting rooms、提早住房、殘障房間、主管訂房、VIPs。

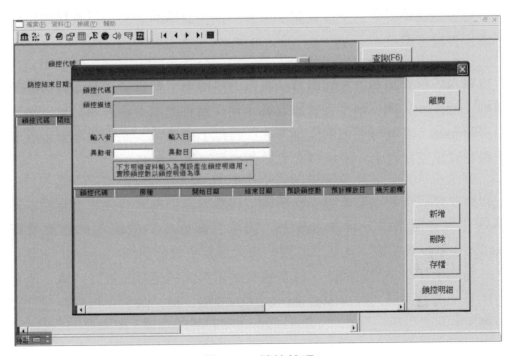

圖 5-11　鎖控管理

5-2-4 住宿登記作業

「登記」對旅館的初次抵達的客人而言，是旅館與客人互動的第一步，我國觀光旅館業管理規則第十五條規定觀光旅館應備置旅客登記表，將投宿之旅客依律定的格式登記。住宿登記的目的是記錄客人的資料，並利於旅館各種作業的進行，同時旅館則將用之建立檔案的重要資料。

當有訂房客人一抵達旅館後隨即辦理住宿登記和分派房間，客人在登記時必須出示有效證件讓櫃檯接待人員核對其身分；外國人為護照或是在台居留證，本國人則為身分證。

接待服務人員將住宿登記卡與客人的訂房單核對，同時再一次與客人確認住宿資訊，特別是客人身份資料、離開日期及付款之項目。旅館資訊系統可以將旅客訂房資料轉印成為住宿登記卡，若有預先訂房的客人可以直接印出住宿卡，請旅客簽名即可。

再客人付款資訊上，一般而言，客人若以信用卡結帳者，將先行預刷將先行預刷（imprint）徵信額度，並將此刷卡單與旅客登記卡合併裝訂，以便於旅客退房時確認。若為付現，則先行預收一日以上之房租，並且依照訂金收取制度記錄在資訊系統之中。最後請客人於住宿登記單上簽名。

對於沒有訂房客人進住時，櫃檯接待則查看可售房間的房態，並依上述方式填註住宿登記單後，請客人簽名，完成登記程序。前檯人員應盡量嘗試 up-sell，也就是賣給客人比他原本要的房間還要更貴的房間。up-sell 的最好辦法之一為展示房間，運用網路，或是將有展示房間的螢幕設置於前檯。但更好的方法是，擁有一個了解房間並懂得銷售的前檯人員，讓客人得到快速且滿意的服務。

各家旅館的住宿登記單的格式設計不盡相同，但內容並沒有什麼差異。如圖 5-12 所示：

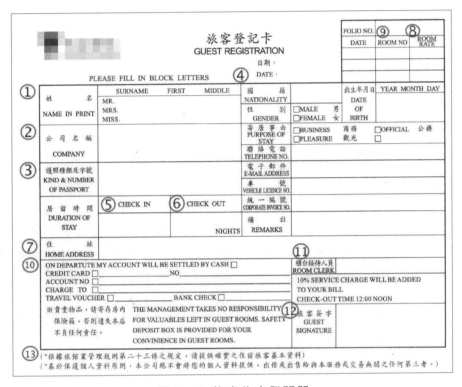

圖 5-12　旅客住宿登記單

其填寫方法說明如下：

① 姓名（name）：訂房單中客人的姓氏、名字均列印在住宿登記單上。接待員有必要再核一下正確與否，拼法是否正確，會影響到住宿客人的查詢、客帳、電話留言及其他文書作業，故對姓名的核對應很仔細。

② 公司名稱（company name）：如果是簽約公司為客人預定的客房，或是客人的住宿帳是由代訂房公司代為支付，客人所寫的公司名稱必須與行銷部門所簽訂合約的公司名稱相符。如果是旅行社訂房，旅行社的名稱應被列入登記單中。

③ 護照號碼（passport number）或身分證字號：接待員持客人護照或甚份證件，詳細核對並與以登記。

④ 國籍（nationality）：客人的國籍必須登記下來。如果客人曾經來過，則國籍欄的記載也會自動轉入客人歷史資料資料中，此部份可用於業務推廣的重要參考資料。

⑤ 抵達店日期（arrival date）：抵店日期在訂房上已有記載，住宿登記單據以列印出來。

⑥ 離開旅館日期（departure date）：列印方式同上，但客人在登記填寫時仍須向客人再確認一次，避免發生錯誤。

⑦ 住址（address）：登記客人地址可以用作信件連絡，或市場行銷的資料。若客人為第二次再度回到旅館，這些資料都將轉列印於住宿登記單上。

⑧ 房價（daily rate）：若是有訂房的人，房租在訂房時已確定，對無訂房客人，則先確認房間型態，再決定房租，並明確告知客人。但對於旅行團的住房旅客，因牽涉佣金問題，因此不標示房價給住房客人瞭解。

⑨ 房號（room number）：接待人員先找出適當房間後，再分派房號給客人，並註記於住宿登記單上。

⑩ 付款方式（payment by）：訂房單已有註明而列印在登記單上，所謂付款方式即是客人支付帳目的方式，是現金、簽帳（公司支付）、信用卡、住宿券或其他方式，接待員必須向客人確認。至於公司付帳的程度是全額支付或是房租（Room Only），也要再確認清楚，以免向公司請領帳款時發生問題。

⑪ 接待人員簽名（receptionist signature）：只有親自接洽客人的接待員最清楚客人住宿的細節內容，如果客人對住宿有任何問題，則可找接待洽人員澄清與解決問題。

⑫ 客人簽名（signature）：這是一道重要的步驟，表示客人已認可登記單所印的內容，也振示接受旅館提供的住宿條件。簽名於住宿登記單即是支付房價金的重要憑證。

⑬ 住宿政策說明（policy statement）：住宿登記單上除了上述的登記項目外，在下方還附有旅館之對客宣示，這是讓住客藉登記之時瞭解館方政策的說明；例如退房的時間、房價是否應另加稅或服務費。住宿登記完畢，則將相關資料登錄到系統之中[3]。

⑭ 訂金（deposit）：若客人有預付訂金，服務人員需開立訂金單據交客人收執，其數目也將被記錄在訂房單上。住宿登記單也會據以列印在表格內，預付款帳目也將轉入客人房帳中。

5-2-5　分配房間鑰匙和引導進入客人至客房

住宿登記完成及分配房間後，接待員給予客人鑰匙，並發給住宿卡（hotel passport），它是一種住宿證明，用來證實客人的住客身分，憑此卡領取鑰匙，或在其他餐廳消費簽帳。使用電子門鎖系統（electronic locking system）的旅館則在住宿登記完成後發給一張有磁帶的卡式門鎖，此種電子門鎖在台灣已逐漸為各旅館採用。

領取門鎖後，是否引導進入客房，則視旅館所提供的服務而定。一般小型的旅館，櫃檯接待僅告訴客人電梯方向，並不作引導進入服務。較大規模的二十四小時服務的觀光旅館則由行李員幫客人提行李做引導進入服務。較高級的旅館也有接待員負責引導進入客人至房間，隨後行李員把行李送至客房。這種服務方式的目的是表示對客人的尊重，讓客人有一種被重視的感覺。引導進入的接待員客人解說房間的設施及使用方法，並回答客人提出的問題，讓客人能感受親切及受歡迎的禮遇。

大型旅館在大廳設有顧客關係主任（guest relations officers, GRO），負責接待剛到達的 V.I.P.及旅館常客，並引導進入至客房，完成快速住房登記程序（Express check in）。此類型客人多載客房內辦理住宿登記，因為事前房間鑰匙及房間號碼均已分派好了，俟客人一進旅館門口，GRO 即一路帶領客人至

3　如果由訂房資料轉換過來的登記資料，則僅需要將該訂房資料分派客房即可。

樓層房間，在房間辦理住宿登記手續，可減少客人於櫃檯前的等候時間。資訊
系統以提供快速登記的功能，如圖 5-13 所示：

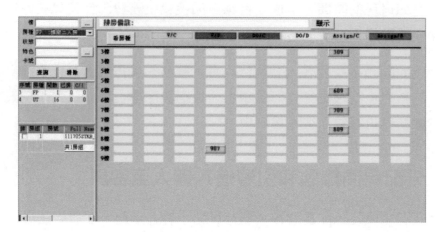

圖 5-13 房間分配表

旅館資訊系統也提供快速排房及自助排房二項功能，讓服務同仁可以迅速
完成排房工作，如圖 5-14、5-15 所示：

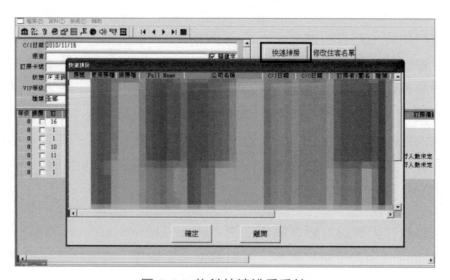

圖 5-14 旅館快速排房系統

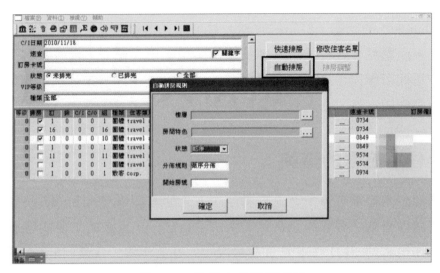

圖 5-15　旅館自動排房系統

　　旅館資訊系統提供團體住房遷入作業功能；進入系統畫面中，在『接待管理』右方表單中，選擇『團體管理』功能之後[4]，依畫面指示選擇安排的房間號碼，如圖 5-16 所示：

圖 5-16　團體管理

　　畫面會出現住房作業畫面，服務人員依序輸入各項資料，完成團體住房功能。

　　當旅客因為行程提早住進旅館，但是旅館由於前一晚住宿客滿，或其他原因，而無法及時提供客房給予旅客，此時，我們稱所有客房狀態為客房處於變

4　系統也提供『旅客郵寄標籤』功能，操作方式與公司行號相同，但是習慣上，旅館並不任意寄送 DM 給曾經住房的客人。

更（On change）的狀態；旅館的服務人員可以先為旅客登記住房資料，處理隨身的行李，而讓旅客先行處離其他的事情，並不用在櫃檯之前等候客房，代旅客預定的房間清潔完畢之後，櫃檯服務人員將將旅客行李先行送至客房之中，讓旅客回到飯店之後，可以立刻使用客房。

5-2-6　住宿旅客的查詢：

櫃檯問詢處經常有外來客人查詢住店客人的有關情況。Concierge 運用資訊系統協助訪客查詢住客資訊是常見的詢問項目之一。查詢的主要內容包括：(1) 有無此人住宿旅館，(2) 住客是否在房內（或在旅館內）。(3) 住客房間號碼[5]。

Concierge 進入系統畫面中，在『房務管理』右邊表單中，選擇『房務入帳』，即進入查詢畫面。在此畫面中，輸入欲查詢旅客的相關資訊，即可以了解該旅客住房的相關資訊。如圖 5-17 所示：

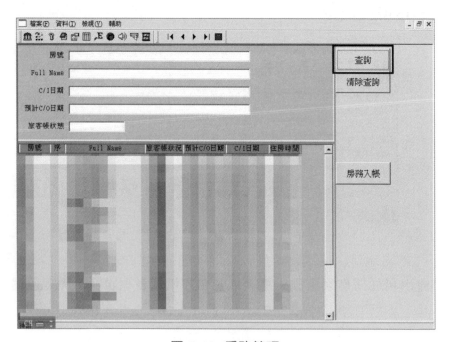

圖 5-17　房務管理

---

[5] 旅館從業人員對旅客的資料需要進保密義務；外客來館查詢時，應先問清來訪者的姓名，依訪客查詢住宿客人的房號，然後打電話到被查詢的住客之房間，經客人允許後，才可以告訴客人房號，或由住客直接告知其客人。

　　只需輸入姓氏，畫面會出現所有符合條件的結果，然後選取想要查詢的旅客，就可以了解住客相關的資料。如圖 5-18 所示：

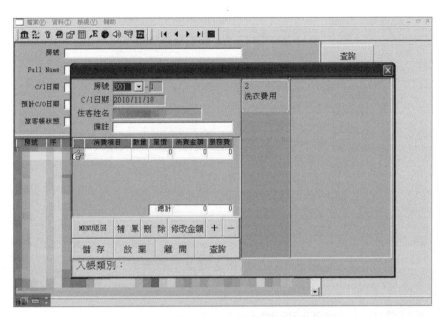

圖 5-18　房務管理查詢旅客資料畫面

　　旅行團體的住宿，由於住宿旅客多，有的時候旅館僅登錄團體的名稱，如果無法完全知道住客全名資訊系統也提供查詢畫面；進入系統畫面中，『房務管理』右邊表單中，選擇『查詢』，系統會出現，目前住客的資訊。

　　對於已經退房不住在旅館內的客人，資訊系統也提供查詢畫面；進入系統畫面中，在『出納管理』右邊表單中，選擇『以結帳處理』功能[6]，依相關資訊輸入查詢內容，如圖 5-19 所示：

6　系統也提供『旅客郵寄標籤』功能，操作方式與公司行號相同，但是習慣上，旅館並不任意寄送 DM 給曾
　　經住房的客人。

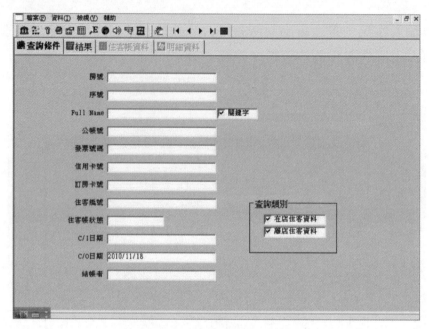

圖 5-19 已結帳處理之系統畫面

5-2-7 客房清潔狀況查詢：

前檯服務人員除了藉由客房狀態查詢客房使用狀況知外，房務作業最重要的工作包括客房的清潔與整理、客房設備的維護、客房布巾類品、消耗品類的管理和對客人的服務。各旅館服務方式與範圍雖不全然相同，但提供舒適、清潔、便利的居住環境的目的則完全一致。

客房清潔的工作品質和效率之提昇，自進行客房整理前之各項準備工作。開始完成工作分派後，檢查房務工作備品車[7]之用品是否齊全，同時閱讀工作交待簿之注意事項，使工作順利完成。房務人員也可以透過預定離開旅客名單、每日清潔報表安排客房清潔工作。

---

[7] 房務備品車是客房服務員存放整理和清潔房間工具的主要工作車。房務工作車中的物品應該在每天下班前準備齊全，進房清掃前，再檢查用品是否足夠齊全；清潔用具準備情況如何足以影響清潔工作之成效。

旅館資訊系統中，進入系統畫面中，在『房務管理』右方表單中，選擇『房務管理』功能，即可透過系統查詢當日房務所需隻狀況，如圖 5-20 所示：

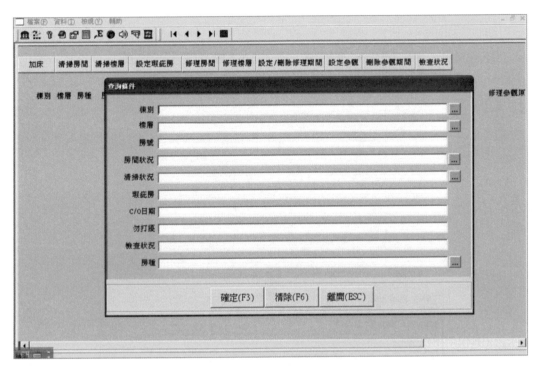

圖 5-20　房務管理查詢頁面

房間的打掃整理次序非一成不變，視當日客房銷售狀況而定：每天可以優先整理的房間類型依序是：

1. 已經遷出（check-out）的旅客

2. 續住並且是特別貴賓。

3. 有預達時間的貴賓，並配合客務部排房的客房，此類客房最好再客人到達前一小時準備好。

4. 續住但客人在客房內的客人。

5. 沒有預定到達時間的貴賓。

6. 已告知晚到達（late check-in）的旅客。

　　當清潔房間完畢之後，房務人員也可以進入系統畫面中，在『房務報表』
右方表單中，選擇『房務狀況表』功能，進入查詢頁面並列印當天房務狀況表。
如圖 5-21 所示：

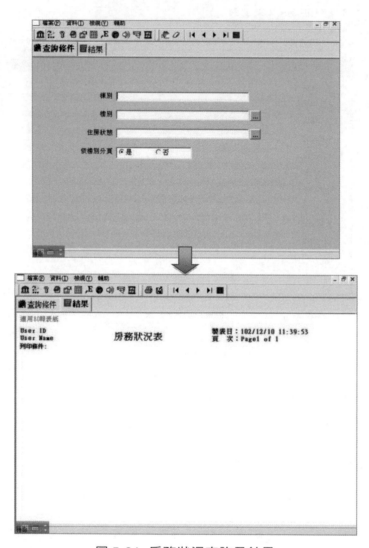

圖 5-21　房務狀況查詢及結果

5-3　住宿條件的變化與付款方式處理

　　住宿的客人在停留期間的住宿狀況、住宿日期的變更，或是旅館本身客房銷售的操作衍生的問題，都需要旅館的人員個別處理，以確保整體銷售資訊的正確性，並使客人獲致最大的滿意（顧景昇，2004；2007），同時經由確認付款方式，確保飯店營收正常。

5-3-1　換房（room change）作業

　　客人在住宿登記時，雖已決定住宿房間的型態，或是根據所分派的房號而知道客房樓層的高低，但是對客房的大小、陳設、位置與座向並不清楚。俟客人進入客房時感覺不理想，就會提出換房要求。

　　接待員在為客人換房時，要先讓客人瞭解不同型態房間的特性、價格等，由接待人員填寫換房單，並將新的房號及房價填寫清楚，同時將資訊系統中房號予以變更，並通知各相關部門做好各項換房工作。

　　資訊系統會自動記錄同一位房客換房的記錄，住對旅館客房的控制與帳務資訊都有助益。

5-3-2　住宿日期的變更

　　住宿日期的變更分為離開旅館日期的變更和延長退房時間；若是客人因事而要延長住宿天數，則接待員須確認房間是否可以續住，若住房情況許可，服務人員則直接更改電腦中住房資料，系統將自動更新旅客住房資訊及相關客房預估報表。

　　若為離開當日延長退房時間，則依一般規定，每天中午十二時前為退房時間，如果超過退房時間，旅館將依照旅館的政策向旅客收取一天超額的房租[8]。

8　每一間旅館對超過時間應該收取的費用標準不一；在收取超額費用時，服務人員應格外謹慎，在服務的落實與收費中應該取得平衡。

客人可能因為飛機起飛時刻，或是火車時刻等原因，需要延長退房時間休息，這時接待員可根據客房出租的實際情況，經主管批准同意言後退房；有些國際性的旅館將延後退房時間作為提升會員服務的行銷策略之一，提供住宿套房等級的客人享有此禮遇，例如 Ritz-Carton 提供住宿 Ritz-Carton Club 的房客延後退房至下午四點。

5-3-3 超額訂房的處理

按實務經驗，旅館訂房每日均有臨時取消或訂房未到的客人，尤其住房高峰的訂房時，若數量過尤多，將造成旅館潛在的損失。旅館實施超額訂房的策略，以彌補這類空房。超額訂房處理應採取下列方式處理：

1. 先預估當天會有多少超額的房間。查看今日到達名單中，綜合所有保證訂房者、非保證訂房者（無訂金之非保證訂），下午六時後可能抵達者及可能 "No show" 者。詳細檢查其房間型態與數量，作為預估超額訂房的基礎。如圖 5-22 所示：

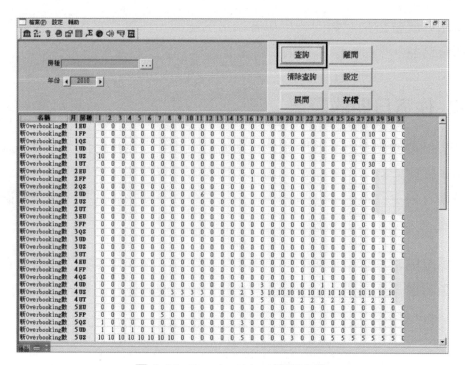

圖 5-22 Overbooking 管理查詢

2. 檢查故障房（O.O.O）的數量，以便緊急維修售出。若遇客滿，對無法及時修復房間如不得已售出時，可在事前要告知客人房間之缺點，並以折扣補償，如果客人同意的話可以售出。如圖 5-23 所示：

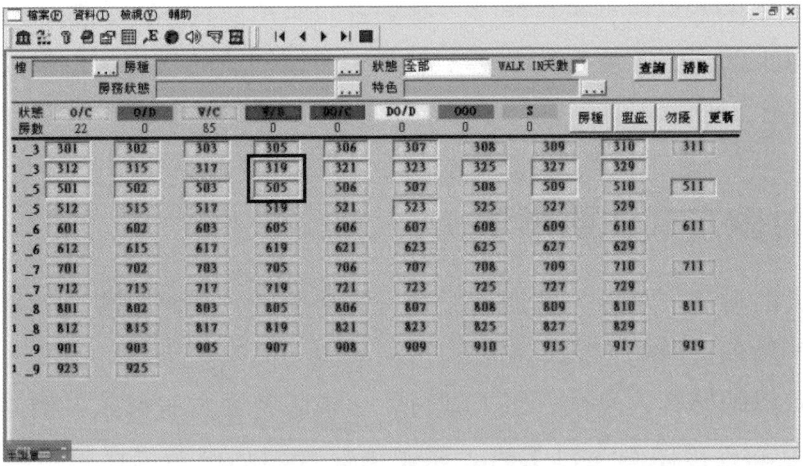

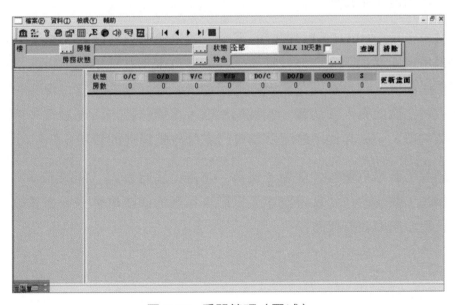

圖 5-23　房間狀態管理

3. 確認簽約公司代為訂房的客人是否會保證到達。

4. 查核房間狀況的住客結構，瞭解有多少預計離開但要續住客人。若欲續住客人的客房型態仍有可售客房，應優先與以同意續住，若無可受客房，則應向其說明旅館因客滿而無法接受延長期住宿的原因。如圖 5-24 所示：

圖 5-24　房間管理（區域）

5. 如果要把無法住宿的客人送至別家旅館，以住宿一夜的客人為先，並要由主管審慎考慮決定。

6. 送訂房而無法住宿的客人至附近的旅館住宿是相當不得已的，所以旅館以免費交通送客人住別家旅館外，應對客人有所解釋，並致最大歉意。如屬兩天以上的住客，翌日旅館應予接回，並做補償的措施，以示對客人的尊重。

5-3-4 付款方式注意事項

當客人訂房時，付款方式即已記載於訂房單上。但是當客人到達時務必再確認一次。對無訂房的客人，在收取房租前也須問清楚支付的方式。確認的主要目的是可以瞭解客人是依一班方式付款，或較特殊方式付款，例如外國人使用較不常見的外幣做為支付工具，旅館可採取因應措施以保證可順利收到帳款，同時確認付款方式也可間接防止客人逃帳（Walk-out）的行為，旅館接受客人以現金、外幣、旅行支票、信用卡等付款，而較不接受以個人支票付款。處理客人支付房租的方法說明如下：

1. 除了保證訂房外，旅館須建立事先收費的規則，即有無訂房，或有無行李，須預收高於一天或所住天數的房租。或是要求客人以信用卡事先刷卡並簽名，以確保旅館營收。

2. 對信用卡（Credit card）支付的客人，櫃檯接待員必須透過電子刷卡機連絡信用卡所屬銀行，取得授權號碼，取得持卡人在住宿期間可能消費金額的信用額度，若是客人花費已近信用額度，最好請客人支付現金。若預知客人將在旅館有大額消費，或長期住宿，可連絡持卡所屬銀行先行保留此一筆款項，不做其他用途而做為專門支付旅館消費的費用。

3. 保證訂房若是只留客人信用卡號碼，為避免屆時客人 "No Show" 而造成的損失，較佳的作法就是請客人以刷卡簽名的確認單郵寄或傳真給旅館，如此對旅館亦較有保障。

4. 當客人的帳是由公司或旅行社支付，接待人員必須瞭解哪些帳由公司或旅行社支付，哪些帳由客人自付。由旅行社支付房帳的客人，多會持住宿券住宿旅館。

5. 客人有預付款做為保證訂房時，接待員與訂房人員確認無誤後，預付款的數目須列入客帳中。

6. 客人使用的信用卡，旅館無法接受時，接待員應請客人使用旅館可接受的卡，或是支付現金。

5-3-5　外幣兌換服務

當房客要求兌換外幣時，櫃檯服務同仁應先檢視外幣兌換匯率後，並向客人說明兌換後之幣值，經客人同意後，填具水單，並將兌換金額依數與客人確認，水單填寫應力求清晰，共核對房客原歷史資料之護照號碼是否相同，兌換金額及匯率勿作更改，並請客人簽名之後完成兌換之程序。當旅客使用旅行支票（travel check）付款時，旅館也比照外幣兌換的流程與以兌換。旅館業基於服務位旅客提供外幣兌換的服務，但不做外幣買賣工作，所以旅館業管理者應該注意服務人員是否私下處理外幣買賣的工作，以避免影響企業商譽。

旅客遷入程序中資訊系統記錄住宿旅客的相關資訊，一方面讓服務人員可以清楚掌握旅客的習性與住宿需求；同時也方便旅客在住宿過程中享受旅館提供的服務，也可以將所有的消費，記錄在住房帳戶之中，再結帳時，一併付款即可。

PMS 在旅館作業中財務管理的運用廣範包括訂房部門會根據管理系統報價；有些連鎖旅館業，也有地域性的收入管理者，負責整合地方上的旅館收入，飯店可以清楚的傳遞價格策略給顧客。除此之外，為了達到上述目的，旅館訂房作業可以透過系統中的功能達到營收極大的目標。

參考文獻與延伸閱讀

顧景昇 (2004)，旅館管理。揚智文化事業股份有限公司。台北。

顧景昇 (2007)，餐旅資訊系統，揚智文化事業股份有限公司。台北。

Dube, L., & Renaghan, L. M. (2000). Marketing your hotel to and through intermediaries. *Cornell Hotel and Restaurant Administration Quarterly, 41*(1), 73-83.

Hanks, R. D., Cross, R. G., & Noland, R. P. (2002). Discounting in the hotel industry: A new approach. *Cornell Hotel and Restaurant Administration Quarterly, 43*(4), 94-103.

Harrison, J. S. (2003). Strategic analysis for the hospitality industry. *Cornell Hotel and Restaurant Administration Quarterly, 44*(2), 139-152.

Hervás, M. A., Rodon, J., Planell, M., & Sala, X. (2011). From theme park to resort: customer information management at Port Aventura. *Journal of Information Technology Teaching Cases, 1*(2), 71-78.

Kim, M., & Qu, H. (2014). Travelers' behavioral intention toward hotel self-service kiosks usage. *International Journal of Contemporary Hospitality Management, 26*(2), 225-245.

Kostopoulos, G., Gounaris, S., & Boukis, A. (2012). Service blueprinting effectiveness: drivers of success. *Managing Service Quality, 22*(6), 580-591.

Lewis, B. R., & McCann, P. (2004). Service failure and recovery: evidence from the hotel industry. *International Journal of Contemporary Hospitality Management, 16*(1), 6-17.

Mainzer, B. W. (2004). Fast forward for hospitality revenue management. *Journal of Revenue and Pricing Management, 3*(3), 285-289.

McConnell, J. P., & Rutherford, D. G. (1990). Hotel Reservations: The Guest Contract. *Cornell Hotel and Restaurant Administration Quarterly, 30*(4), 61.

Min, H., Hyesung, M., & Emam, A. (2002). A data mining approach to developing the profiles of hotel customers. *International Journal of Contemporary Hospitality Management, 14*(6), 274-285.

Noone, B. M., Namasivayam, K., & Heather Spitler, T. (2010). Examining the application of six sigma in the service exchange. *Managing Service Quality, 20*(3), 273-293.

Ramanathan, R. (2012). An exploratory study of marketing, physical and people related performance criteria in hotels. *International Journal of Contemporary Hospitality Management, 24*(1), 44-61.

Shahin, A. (2010). Service Blueprinting: An Effective Approach for Targeting Critical Service Processes - With a Case Study in a Four-Star International Hotel. *Journal of Management Research, 2*(2), 1-16.

Siguaw, J. A., & Enz, C. A. (1999). Best practices in hotel operations. *Cornell Hotel and Restaurant Administration Quarterly, 40*(6), 42-53.

Zakhary, A., Atiya, A. F., El-shishiny, H., & Gayar, N. E. (2011). Forecasting hotel arrivals and occupancy using Monte Carlo simulation. *Journal of Revenue and Pricing Management, 10*(4), 344-366.

學習評量

1. _____是旅館與客人面對面服務的開始，自掌握旅客的資料之後是旅館櫃檯提供的服務程序中相當重要的環節。

   (A) 旅客進入客房　　　　　　　(B) 旅客遷入作業
   (C) 旅客遷出作業　　　　　　　(D) 旅客機場接待

2. 櫃檯接待是哪個部門的服務中心，處理旅客抵達旅館前的準備事宜，及旅客抵達後安排房間等工作？

   (A) 公關部　　　(B) 餐飲部　　　(C) 客房部　　　(D) 客務部

3. 因應我國勞基法律定的工時及工作特性，一般而言，櫃檯接待工作為大致分為三個班次，下列何者為非？

   (A) 早班　　　(B) 晚班　　　(C) 午班　　　(D) 以上皆非

4. 櫃檯接待人員預先瞭解_____輔助報表，以掌握客房數量。

   (A) 客房預訂單　　　　　　　　(B) 訂房預估報表
   (C) 客房銷售記錄　　　　　　　(D) 當日到達旅客名單

5. 根據_____，可以瞭解客人住房的習性，例如喜愛高樓層的客房；住宿的次數及日數，以配合旅館提供之升等禮遇計畫，提供客房住宿升等或相關優惠。

   (A) 顧客分析報表　　　　　　　(B) 當日住客資料
   (C) 歷史檔案資料　　　　　　　(D) 客房銷售記錄

6. vacant 是指：

   (A) 剛退房　　　(B) 空房　　　(C) 故障　　　(D) 主管使用

7. House use 是指：

   (A) 剛退房　　　(B) 空房　　　(C) 故障　　　(D) 主管使用

8. check out dirty. 是指：

    (A) 剛退房　　　(B) 空房　　　(C) 故障　　　(D) 主管使用

9. blocked room 是指：

    (A) 給特別旅客控制的房間　　　(B) 空房
    (C) 故障　　　　　　　　　　　(D) 主管使用

10. 以下哪種情況是不需 blocked room？

    (A) 新婚　　　　　　　　　　　(B) VIP 並且是 return guest
    (C) high floor requested　　　 (D) long staying guest

11. 哪一種房間不計入 ADR？

    (A) House use　　　　　　　　 (B) Complimentary
    (C) Guest Voucher　　　　　　 (D) OCC

12. 哪一種房間可以牌給提前抵達的旅客？

    (A) House use　　　　　　　　 (B) OOO
    (C) Check out dirty　　　　　　(D) OCC

退房程序與帳務的處理

當旅客辦理完畢住房程序之後，帳務系統隨之產生功能，旅館資訊系統允許旅館服務人員登錄各項帳務，同時產生帳務相關報表。本章首先首先說明帳務產生與處理的方式，同時說明各項付款方式應該注意的事項。其次說明旅館服務人員如何應用資訊系統稽核帳務，與製作相關的報表。最後說明旅客退房的程序，以及服務人員如何應用資訊系統位旅客處理退房程序。同時說明退房後續的資訊處理與報表製作。

宏明是旅行團的領隊，這次他帶領一團到旅行團到巴黎，再為旅行團辦完登記住房程序時，他請旅館將該旅行團的住房費用、餐費、及其它消費分成三份帳單，讓所有帳目相當清楚。

此旅行團將在 5 天後退房，他請櫃檯先將帳單在退房的前一天，送到房內，瞭解整個旅行團所有花費的金額，以便於縮短結帳時間。

張小姐利用七天的年假到夏威夷旅遊，在渡假村中不用帶著現金，不論吃喝玩樂，僅需憑著旅客住宿卡，將所有的消費全部列入房帳中，退房時，她請櫃檯列印所有的帳目明細，以便記匯這次旅行所有的費用。很快地，張小姐結束了七天的旅遊行程；匆匆忙忙地用完早餐就到機場，還好前一天已經先了解帳單內容，減少了結帳的時間；Angela 是旅館櫃檯的接待主任，她發現今天離開旅館的張小姐有一筆早餐費用並未即時登錄進入房帳，於是聯絡張小姐取得她的同意後，直接由結帳的信用卡再補行收取早餐費用，並將帳單及統一發票寄到張小姐的公司。

Mr. Smith 臨時接到公司電話,需到香港二天,因此他請旅館將它的房帳保留至下次回來一起結算,並請旅館在他下次回來時,能安排同一樓層及同一型態的房間。

小里是旅館得夜間稽核,今晚查帳時,發現資訊系統紀錄中張小姐至西餐廳消費的金額與餐廳帳單金額不符,於是立即更正資訊系統中的資料,並留下交接紀錄,請值班經理隔日與西餐廳經理確認該筆消費的內容及金額。

旅館住客的消費並不一定馬上支付費用,而是以住客身份登錄其住房帳目內,在退房時才全部結清。本章將延續第五章旅客遷入作業,介紹房價的產生、項目,及帳務處理的要點,及查核作業等。

客人退房是旅館服務客人最後亦是最關鍵的時刻之一(Aslani, Modarres, & Sibdari, 2013; Dev & Han, 2013; Murphy & Rottet, 2009; Oyedele & Simpson, 2007; Shan-Chun, Barker, & Kandampully, 2003; Yves Van, Vermeir, & Larivière, 2013),櫃檯服務人員本階段重要的任務即是整理客人應支付的帳務及運送行李的工作,有些客人因形程匆忙,或付款方式不同,常需有迅速的結帳方式,或是有些客人提出暫時不付款的要求,旅館服務人員應熟悉客人特性及各式帳務處理的程序,方能迅速替客人辦理退房,讓客人對旅館留下完美的印象。

6-1 帳務的處理及各種付款方式

現代化的旅館以資訊系統將客人在旅館內的消費逐一列出,對於會計作業或帳務稽核均十分迅速方便。旅館資訊系統是依據每日每間旅館房號逐一設立房帳(account),在每一房帳之下可以登入流水帳(folio);對於旅行團或團體住房則設立團體帳卡(master folio),然後依照住客的消費項目逐一記錄在帳卡上,只要費用一發生,隨時填載,客人任何時間退房均可馬上結帳。

當客人辦理登記手續完成時,資訊系統會主動地位每一間客房建立帳務,旅館資訊系統系統會依登錄之房帳產生帳務(Bowen & Shoemaker, 2003; David, Grabski, & Kasavana, 1996; Luchars & Hinkin, 1996; Siguaw & Enz, 1999)。一般而言,旅館依實際銷售金額登載於資訊系統中個人帳戶之內;若房間型態

有改變，例如更換房間、加床、或延遲退房時間（Late check out），飯店依既定之程序向客人另行收取房租，並登載於帳戶之明細中，以客人能明瞭房價轉變之內容。

　　顧客在旅館內的各項消費通常非立即付款，而這些款項會紀錄在 folio 上，表示顧客應付而尚未付的帳款，對飯店而言均為應收帳款。應收帳款可依客人的兩種分類而有兩種型態：(1) 正在住宿的客人（transient accounts receivable）；(2) 已退房待收的帳款（City accounts receivable），旅館資訊系統也可以依據旅客的需求特性，調整帳單（folio）列印的需求。PMS 系統減少收據、control sheet、runner 和 late charges 的情況發生，不同的部門可以連接 PMS 將資料傳至前檯，在餐廳、大廳、room service 的出納員都可以透過 PMS 登記，或由 POS 終端機處，可將資料及時輸入資訊系統的記憶體中，讓客人的 folio 一直流動或使 late charge 的情形減少。此外，PMS 增加部門出納員去證明客人的身分和金額的能力。

　　旅館資訊系統可以讓不同的部門服務人員，依外來客消費入賬畫面指示，輸入消費科目、金額與付款方式，即完成入賬程序；然後點選『帳單』及『發票』功能，列印帳單及發票，交給客人。對於住宿在旅館內的房客，當他在不同區域內消費時，包括在館內各餐廳之消費或購買物品，均可匯入其房帳之內出列明細，對於旅館之內未提供服務或消費內容之項目，亦可依現金代支之方式（Paid out）代為支付此費用，並併入其房帳之內，俟結帳時一併收取。

　　以下將介紹常見的帳務發生項目：

1. 實際房價（room rate）：旅客完成登記程序之後，最基本的房帳隨之產生，在旅館作業系統中所登錄的房價為實際收取的價格。每日的應收房價可以透過旅館資訊系統自動登入。對於常駐型客人可以獲得的優惠，則需以人工的方式計算，然後登入到資訊系統裡。

2. 餐飲消費（food and beverage charge）：房客到旅館各餐廳內消費可以簽帳，然後轉入房帳之方式處理，房客僅須在餐廳帳單上簽下房號及姓名即可，此筆消費金額即可轉入房帳中。此類消費將已該用餐餐廳消費項目列出；此外，若該筆費用發生問題，應檢查原始簽帳紀錄並查詢該餐廳主管

瞭解帳務，資訊系統對於前檯作業的授權，並無法直接調整此筆消費項目金額。

3. 服務費（service charge）：若旅館需另收住房的服務費，需另行列出或登錄至服務費的項目中，不可與上述房價合併加總計入，檢查房帳時才能清楚分辨。

4. 客房餐飲消費（room service charge）：房客要求客房餐飲服務可比照到各餐廳內消費模式，簽帳轉入房帳之方式處理，房客僅須在餐廳帳單上簽下房號及姓名即可，此筆消費金額即可轉入房帳中。若該筆費用發生問題，應檢查原始簽帳紀錄並查詢客房餐飲服務單位主管瞭解帳務，前檯亦無法直接調整此筆消費項目金額。

5. 客房迷你冰箱（mini bar）消費：房客若取用迷你冰箱內物品，則由客房迷你冰箱項目直接入賬，本項目功能可同時用作庫存查核及跑帳比例計算功能。本項目可同時由房務系統及前檯系統進入調整消費項目金額。

6. 洗衣服務（laundry）：客人衣物送洗可由洗衣消費項目中入賬。

7. 接送服務（transportation service）：若客人要求提供機場接送服務市區接送服務，可以此項目計入其房帳。

8. 電話費用（telephone call）：房客使用房內電話，總機系統會直接產生帳務並轉入該房客帳中，電話費用明細可以顯示包出電話的時間，通話對象等。

9. 傳真費用（fax fee）：房客使用商務中心傳真服務，均需請客人於單據上簽名，以示對傳真費用內容明瞭並予承認，以作為結帳之參考憑據，俟結帳時一併收取。

10. 雜項消費（miscellaneous charger）：房客若購買旅館的紀念品或浴袍等客房內備品，可以此項目入賬，俟結帳時一併收取費用。

11. 現金代支之方式（cash paid out）：對於旅館之內未提供服務或消費內容之項目，如購買機票、戲院門票等亦可依代為支付此費用，現金代支需於費用發生時均需請客人於現金代支單據上簽名，以示對消費內容明瞭並予承認，以作為結帳之參考憑據，俟結帳時一併收取。

12. 銀行服務費（bank service）：房客使用現金代支而用信用卡支付該項費用時，可加收銀行服務費用，一般旅館多以現金代支金額支 3-5% 收取。

13. 折讓（allowance）：對於客帳之處理若發生登錄錯誤或特別禮遇客人之費用，則可予以折讓[1]項目與以處理或以示禮遇。此外當所提供之服務品質不佳時，飯店在合理的情況下將客人應繳之帳目還原。此時，需要記載原因及准許人，並證明此筆帳目之更改是被允許的。這個調整之工作是由夜間稽核的員工負責（或由現場主管所批准），修改當日所有的更改項目，當各部門之主管允許減帳時，必須要紀錄其強而有力的理由。常見的情況包括(1) 優惠價格（comp allowances）：只有少數之主管擁有此項權限，為了避免此權力被濫用，旅館主管每天都必須彙整所有優惠減帳之折扣帳單。(2) 服務不佳之補償（allowances to poor service）：當服務不周時（如：洗衣房將衣服洗壞了），由各部門經理扣除此帳目。(3) 錯誤之修改（allowances to correct errors）：當服務人員輸入錯誤的價格時，可經由此方式將帳目還原。另外當客人離開後之未清之小筆帳款（late charge），亦可由此方式抵銷。(4) 延長住宿時間的優惠（extended-stay allowances）：有一些渡假飯店允許客人延長白天停留的時間，並給予優惠。

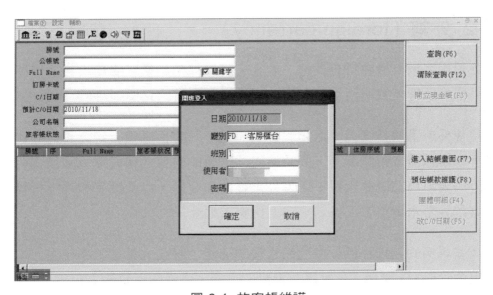

圖 6-1　旅客帳維護

---

[1] 有些書用 "adjustment" 說明調整帳務的觀念。

對於客帳之處理若有折扣、服務費、稅之收取應予明載，並向客人說明，若發生登錄錯誤或特別禮遇客人之費用，則可予以折讓以示禮遇。任何在館內消費或現金代支之費用憑証，於費用發生時均需請客人於單據上簽名，以示對消費內容明瞭並予承認，以作為結帳之參考憑據。

客人退房時有各種不同的付款方式，當客人辦理住房登記時，櫃檯服務人員即應詢問客人付款之方式。

6-1-1 現金（cash）

現金是一種最傳統也最實用的交易方式。旅館在客人住宿登記時應要求支付房租，特別是無行李的住客，一般旅館對支付現金之客人，多會以客人住房總金額加收 50～80% 左右，以作為預收房租，防止跑帳之準備。

前檯出納在收受現金時宜當場點清，並注意辨別真偽，並開立收據交予客人，同時將此訂金金額直接入資訊系統中，退房時依實際消費收取沖帳結算，並開立帳單及發票給客人。

6-1-2 外幣（foreign currency）

外籍旅客較有機會持有外幣，若客人將以外幣結帳，服務人員依櫃檯出納處有外幣告示牌所載明國際間主要貨幣當日與台幣的兌換率，換算應收之金額。

接受外幣應辨其真偽，以防假鈔的流通，同時也應備有辨識真偽的器材，如紫外線辨識器或辨識筆等，同時接受外幣時的幣值名稱與單位應謹慎明辨，兌換外幣要填寫三聯式水單，填寫外幣種類和金額，以及匯率和外匯折算，並將填好的外幣水單交客人簽名，寫上房號或地址。

本書舉例的系統提供外幣兌換管理的功能；服務人員進入系統畫面中，點選『出納管理』，選擇『外幣匯兌異動』功能，將匯率資料輸入存檔，如圖 6-2 所示。

圖 6-2　外幣匯率異動

　　當提供旅客外幣兌換服務時，在『外幣匯兌維護』中依序填入所需貨幣資料，系統儲存外幣兌換資訊。[2]如圖 6-3 所示。

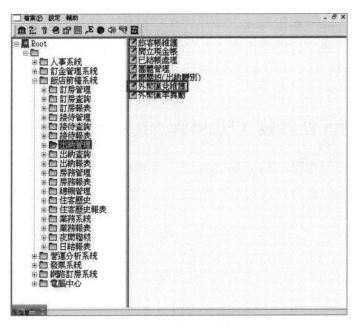

圖 6-3　外幣匯兌維護

---

[2]　本系統雖然提供服務名稱為『外幣買賣』，但實際作業上，旅館並不提供外幣交易服務。

6-1-3 旅行支票（travel check）

服務人員應該旅行支票是否被國內接受，並審查真偽及掛失情況，瞭解該支票之兌換率和兌換數額，必須在出納前於支票指定位置當面簽名，且與另一原簽名的筆跡相符，查看支票上的簽名與証件上的簽名是否一致，然後在兌換水單上摘抄其支票號碼、持票人的証件號碼。[3]

6-1-4 信用卡（credit card）

接受信用卡時，確認此卡旅館是否受理，並確認有效期限，辨別真偽，並預刷卡（Imprint），取得授權號碼，如無法取得授權號碼，則要告知住客要求補足付款，若有需要亦應協助客人其澄清其信用卡使用情況，同時核對客人簽名是否與信用卡上的簽名相符，並注意信用卡是否為持有人所有。

6-1-5 簽認轉帳（credit ledger account, city ledger）

簽認轉帳即是旅館與個人、公司機構簽訂合約，同意支付住宿者的費用及明訂支付範圍。住客簽帳房後，帳單轉至財務部，每月與簽約客戶結帳。但住客的消費超出協議支付的範圍時，超出部份住客須自行負責結清。以簽認轉帳時應注意，簽帳的住客是否確為轉帳的公司所承認。

6-1-6 暫時保留帳務（Hold room account）

旅客住可能因短暫的時間離開飯店，會將於入之後再度回到旅館住宿，可以將此次所有房帳暫時轉入保留，留待下次回到旅館後統一處理。

---

[3] 私人支票的使用與接受必須經由主管核准同意，一般旅館不輕易接受支票付款。收受支票時應注意日期、金額、抬頭人、出票人簽章等有無錯誤或遺漏，收受支票前應瞭解客人的背景及信用狀況，以做為是否接受之參考。

6-2　住客帳務稽核

　　一般而言，旅館接待及出納工作為輪班制，各輪班單位於交接班時會將該班的應收款項整理完畢，再交給次一班別的服務人員，在資訊系統帳務處理上，議會設定不同班別的結帳功能，讓服務人員可以迅速地完成結帳的工作。各班次結帳工作可由簡單的幾項資料互相對應查核：(1) 該班次退房帳務總報表：此報表將顯示該班次時段中所有退房的紀錄及金額總計，(2) 信用卡結帳紀錄總結算，(3) 發票開立金額總結算，及 (4) 現金金額總結算等將該班次帳目節算清楚。住客帳務稽核基本是夜間稽核人員所應該稽核的重點。

　　此外，夜間稽核通常會設定關帳清理帳務的時間，一般設定凌晨一點半或兩點為關帳清理帳務時間（end of day）做為一營業日的結束，並統計該營業日的各項營業報告。同時，夜間稽核的主要工作為製作各種統計報表及審核、更正客帳，同時兼夜間接待服務人員為客人辦理遷入、遷出的手續。因為旅館是二十四小時營業，關帳清理帳務後如有客人遷入住宿或其他營業項目發生，一概歸類為翌日的營業收入。

　　此外，夜間稽核主要的工作包括：

6-2-1　調整客人住宿房態

　　旅客住宿客房的狀況如果有錯誤，將引起櫃檯作業上的困擾，亦將導致客房收入的損失或超收情況。客房狀況正確才能有效地售出客房，增加旅館收入。

6-2-2　登錄確認旅客住宿房價

　　夜間稽核必須確認每間住房的房租折扣的原因，核對訂房單與資訊系統內的房價是否為合約公司的折扣、促銷價的折扣或是團體價，而這些特別房價是否適當且符合規定。如果是為免費招待的客房，是否經由主管核准。關帳時間後，稽核員列印出房租銷售統計表。

　　如果旅館對於長住型的客人（long-staying guest）訂有優惠房價政策時，夜間稽核應檢查該房客的房帳是否已調整至可享有的房價，並同時檢查延長住房的客人帳務是否正確。

夜間稽核可以透過消費明細分類統計功能，核對旅客消費的紀錄是否正確；服務人員進入系統畫面中，在『出納管理』表單中，選擇『旅客帳維護』（圖 6-4）或『團體管理』（圖 6-5）功能，即可以完成查詢結果。夜間稽核可以利用此功能查詢，並逐一核對各項帳務。

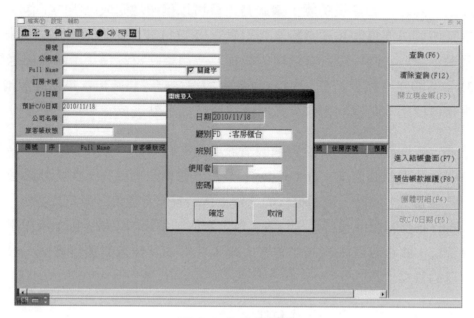

圖 6-4 旅客帳維護

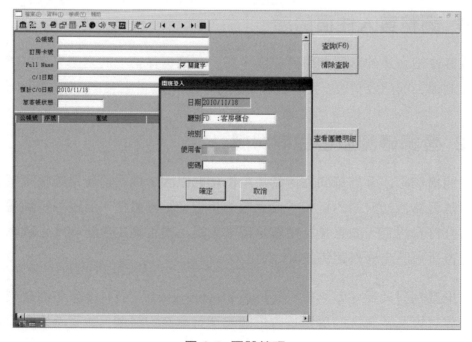

圖 6-5 團體管理

6-2-3　確認保證訂房但未到的客人

夜間稽核必須整理列印保證訂房但未到的旅客名單，並對保證訂房的客人依訂房資料收取房租並記錄至資訊系統中。

6-2-4　完成所有客帳的登錄

夜間稽核的主要工作之一為確認登錄帳目並結算其金額，確認將來自客房、餐廳、服務中心等各項費用，在清理帳務完成前登錄在資訊系統內之個人帳戶中。並將住客每筆消費的消費的憑據，逐一地加其總額和與資訊系統資料中的住客入帳統計核對相同，將錯誤的金額予以更正。

由於住客每筆消費均有明細帳，帳務明細屬於消費的憑據，其總額須和該廳的住客帳目統計相同，否則就須更正。其次夜間稽核必須將每日客帳的借方、貸方做結算，以便得出該日的結額（應收帳款）。

系統提供每日每間客房收款明細查詢供稽核之用；進入系統畫面中，點選『出納管理』，選擇『開立現金帳』功能，如圖 6-6 及圖 6-7 所示：

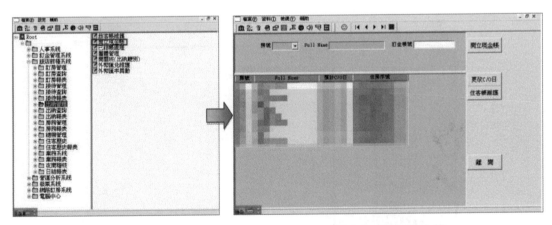

圖 6-6　出納管理　　　　　　　　圖 6-7　開立現金帳

畫面會出現各房間中所有的收款的合計內容，提供稽核人員核對。

6-2-5 夜間稽核的紀錄

夜間稽核的紀錄一般包括：

1. 訂房紀錄：訂房電腦化可紀錄許多的資訊。資訊是訂房管理者抉擇的依據，其包含了許多不同的訂房紀錄。此資料將會成為夜間稽核的重要管理工具，如圖 6-8 所示。

紀錄的細項包含：(1) 抵達紀錄：今日預期抵達、個別的和團體的客人依序排列。(2) 取消和改變紀錄：列出當日訂房取消或以後日期訂房改變和取消的紀錄。(3) 中央訂房紀錄：分析中央訂房系統的訂房，包括號碼、種類、房價和所付費用。(4) 會議（團體）委託紀錄：彙編 block 的團體房、已登記房間的數量、仍可利用的房價種類和數量。(5) 每日分析紀錄：關於訂房、抵達、no-show、walk-in 等的數量及百分比。(6) 寄存紀錄：訂房者的寄存情況－要求寄存且被接受、要求寄存但不被接受、沒要求寄存但要寄存。(7) 預測紀錄：對於將來持續期間的訂房估計。(8) 已住房紀錄：估計已住房的房間種類。(9) 超收紀錄：包含 walk-in 未收的數量、外包給其他飯店的數量。

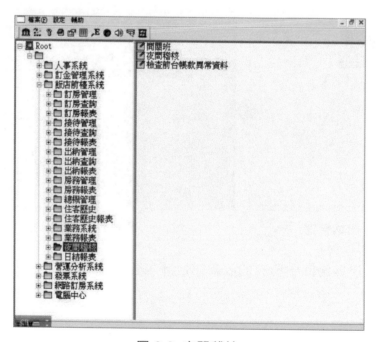

圖 6-8 夜間稽核

2. 夜間稽核中的房間管理紀錄：資訊系統是前檯人員重要的工具，它可調整資料。員工僅需輸入一些資料即可叫出所有的基本資料。使用資訊系統比用手寫的有更多可利用的資訊，但這些資訊必須被處理為資料才易於員工了解，如圖 6-9 所示。

使用資訊系統比用手寫的資訊更為完整且能快速的處理(Basak Denizci & Law, 2010; Bowen & Chen, 2001; Dalci, Veyis, & Kosan, 2010; Min, Hyesung, & Emam, 2002; Min & Min, 1996; Ramanathan, 2012; Zhang, Ye, & Law, 2011)。資訊系統對房間功能的紀錄有：(1) 改變紀錄：房間改變、房價改變、人數的確認。(2) 會議室使用紀錄：檢查不同會議團體的房間使用以確定贈送的房間之數量。(3) 預期離開紀錄：列出預期退房。相反的則為 stay over 紀錄。(4) 旗幟（flag）紀錄：將標有特別注意標幟的房間列出。(5) 房間使用紀錄：列出旅館已住房的房間。(6) 故障房紀錄：列出故障房並寫出原因。(7) 追蹤(pickup)紀錄：特殊團體成員 block 的名字和房號。(8) 房價分析紀錄：處理房價來源的分配敘述。(9) 房間生產率紀錄：對 housekeeping 生產率的評價。(10) VIP 紀錄：區分普通客和非常重要的人的列單。

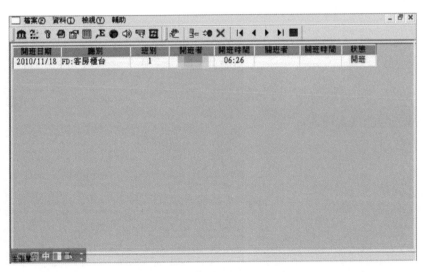

圖 6-9 開關班（出納廳別）

3. 客房情況紀錄：房間情況聯繫前檯和房務兩部分，前檯員工必須知道哪些房間可用，而房務部必須知道哪些房間必須特別注意。房間的情況不會由資訊系統自動改變。on-change 即是房務要注意的房間，當房間清理乾淨後，房務部的人即要至系統將房間改為「ready」，接著前檯員工及能得知此資訊。此時資訊系統即佔了很重要的角色去呈現出房間的情況。房務部用來管理部門、房間情況包含：(1) 故障房紀錄：故障房為哪幾間，預期何時可以使用。(2) 永久客紀錄：將永久客的房號和姓名列出。(3) 房間情況清單：確認每一個房間所呈現的狀態。

4. 應收帳款的紀錄：一個累積的應收帳款清單即是稽核的本質，因此需要檢查帳款的異常資料及執行夜間稽核，如圖 6-10 及圖 6-11 所示。帳款之資訊系統化稽核紀錄包含：(1) 清單：將所有顧客之應收帳款依序列出。另外包含抵達及離開之清單。(2) 轉帳 city-ledger：將當日所有帳款轉移至 city-ledger。(3) 信用卡紀錄：紀錄用信用卡付費之已登記和未登記之客人數量。(4) 每日收入紀錄：分析所有來源的收入。(5) 部門銷售日記：列出各部門個別的交易。(6) 遲繳紀錄：確認當日遲繳部份已轉移至 city-ledger。(7) 登帳（posting）紀錄：用個別的終端機處理 posting。(8) 房間收入紀錄：處理房價及稅款。

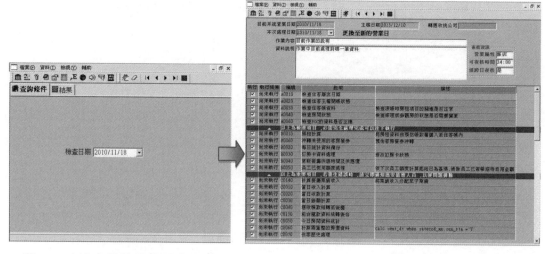

圖 6-10 檢查前檯帳款異常資料　　　　圖 6-11 夜間稽核

6-2-6　製作各種報表以便管理者核閱與參考

在關帳清理帳務之後，稽核人員逐一查核客人的房租與服務費，並製作各種報表以便決策人員核閱與參考，報表通常區分成：

1.　每日營運功能性報表：旅館資訊系統提供各項報表製作功能，以作業服務人員稽核與其他業務分析之用；進入系統畫面中，點選『訂房報表』，就可以選擇各項報表列印作業，如圖 6-12 所示：

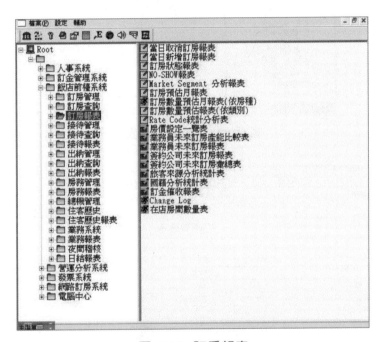

圖 6-12　訂房報表

2.　營業分析統計報告（圖 6-13, 6-14）：這類報表需要提供基本營運績效分析，包括(1) 統計住房率（occupancy）[4]，亦可針對各項客放使用計算其單人房、雙人房、套房住房率。(2) 客房平均收入（Average Daily rate）：瞭解當日旅館的平均房價。[5]及 (3) 客房營業收入（Room revenue）：即客房整體營業收入。例如：月報表、年報表、業績分析報表、住速率統計表等。

---

[4]　住房率=(當日客房使用總數/總客房數) * 100%；客房使用總數應包括住宿過夜者、短時住宿(Part Day Use)、及免費住宿支客房數目，但不包括故障房間及館內人員使用之房間。

[5]　客房平均收入=(當日客房總收入/出售客房總數)。

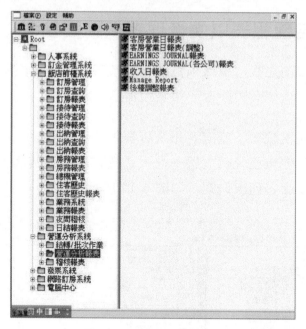

圖 6-13 營運分析報表

項目	今日	本月	今年	去年今日	去年本月	去年
房間總數	107	1,819	34,347	107	1,819	29,85
散客售出間數(不含DU、RT)	0	24	0	3	78	
團體售出間數(不含DU、RT)	0	255	11,250	29	726	3,28
商務售出間數(不含DU、RT)	0	5	5,944	15	127	2,80
散客售出間數(包含DU、RT)	4	43	2,215	4	79	2,34
團體售出間數(包含DU、RT)	5	263	11,284	29	726	3,29
商務售出間數(包含DU、RT)	0	15	5,982	15	127	2,81
自用間數	0	0	0	0	0	
招待間數	0	2	1,262	0	14	16
散客使用間數(不含DU、RT)	0	25	2,255	3	91	2,42
團體使用間數(不含DU、RT)	0	256	12,381	29	726	3,30
商務使用間數(不含DU、RT)	0	5	5,947	15	128	2,82
散客使用間數(包含DU、RT)	4	44	2,343	4	92	2,47
團體使用間數(包含DU、RT)	5	264	12,415	29	726	3,30
商務使用間數(包含DU、RT)	0	15	5,985	15	128	2,83
修理間數	0	0	514	0	53	1,56
參觀房數	0	0	1	0	0	18

圖 6-14 營業分析統計報告

3. 應催收房租的住客報表：此為針對積欠房租與其他費用已超過旅館規定限額的住客，旅館方面應積極而謹慎地催收，並暫時停止其他項目之消費，直至付款為止。例如本書所舉例的『以退房應收帳款報表』。

以正常狀況來說，房價是會被夜間稽核計入 PMS 的，然而只有三種情形房間和稅是被白天的工作人員所核算，而非夜間稽核者。其中的兩個例子就是表示價錢被計算進去的時間夜間稽核者並不在場。第一個情況所牽涉到的則是，顧客抵達與離開在同一天當中，稱為 Day rate、use rate 或是 part day rate guests。這些顧客抵達時是在夜間稽核工作已完成時，而且他們也是在下一天的夜間稽核工作開始時離開的。

因為 late check out 而另外收費之房價則是第二種特殊的例子。短暫的延長 check-out 之時間通常是被允許而沒有收費的，但是當需求量很高的時候，異常的 delay 或者是短暫的佔有房間而招致 Late departure 的費用偶而也會被算住一晚的價錢。同時地，顧客在大夜班的稽核者到之前就離開，所以出納則會將價錢和總 folio 都在 check-out 時收款完成。

第三種狀況為事先付款的顧客其當還未住進房間時就付款，而出納會將預付的款項收款完，且在需要核算的房價之 folio 上附上收訖的收據，是為了去反映出完整的交易事項。這種事先付款的顧客在要離開的時候並不用在櫃檯停留。

客人帳務作業需謹慎仔細，除了維持旅館正常營收之外，同時亦可提升隔日客人退房時的速度，因此相關作業人員因不厭其煩地查核及製作相關帳目與報表，使得旅館運作保持順暢。夜班稽核是最能夠表現出 PMS 系統的功能的職務，以前夜間稽核沒有資訊系統協助實，在晚間做平衡帳務、登入房帳、價錢和稅金等事情時，都需要很多花費很多人力和整個晚上的時間來處理，但是 PMS 只需要基本的人員來操作即可，對大型旅館來說可以節省很多不必要的人力。資訊系統也改變了夜班審計的功能、目的、範圍。通常，夜班稽核是集中在尋找和更正錯誤，像開始的錯誤、傳遞時所造成的錯誤或有時手寫的錯誤。如果是由資訊系統來執行就沒有這一類的問題。當然，也不是說資訊系統就完全不會出問題，像電腦病毒…等等。還有不同公司所設計的不同介面的 PMS，也有可能會造成互容性的不同，而會引起資訊系統當機或是中毒，所以未來發展的目標是能夠使用統一整合的 PMS 系統。

6-3 旅客退房遷出的程序與後續資訊的處理

退房遷出的程序分為個人、團體及快速退房等三種方式，各有不同的作業方式，分述如下：

6-3-1 退房帳務處理

夜間稽核主要的工作之一，即是檢查每位房客的帳務是否清楚，遇有即將退房的客人更應確認房帳是否正確，以減少退房遷出（check-out）等待的時間；櫃檯人員服務客人退房時，首先應確認客人住宿房號與資訊系統系統資料是否相符，同時檢查是否尚有未登錄之帳，例如客人迷你吧飲料、新增早餐、因現金代支而產生的銀行服務費及服務中心或商務中心新增的傳真或影印費用等是否已登入資訊系統系統帳目之中。

服務人員選擇收款方式，及『帳單查詢』列印帳單，供旅客過目。當確認完畢未登錄的帳務之後，櫃檯服務人員先將資訊系統系統中該客房的帳務改為關帳（Closed）狀態[6]，此時旅館內其他部門的服務人員將無法進入此房號之帳務系統入賬，服務人員應瞭解此房客正在辦理退房的程序，若有相關帳務未即時登錄者，應即時通知櫃檯服務人員。

當前台服務人員確認帳務完畢之後，將客人的得帳單列印交給客人確認，並於帳單上簽名確認。若客人有疑問，應親切地說明清楚，帳單若有錯誤，應予調整。

---

[6] 本書採用的系統功能中，並沒有設定此項功能。

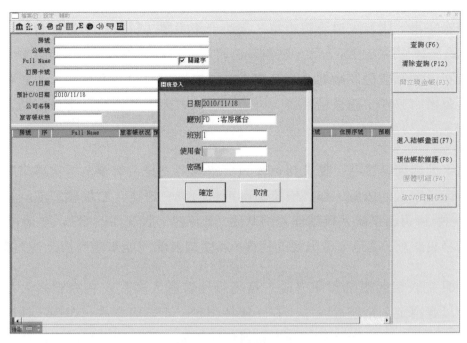

圖 6-15　旅客帳維護

　　若客人對帳單之內容不予承認時，例如客人的電話費有誤，或不承認飲用客房冰箱飲料，服務人員除了應尋找原始簽認單據之外，並應請求值班主管確認帳單處理方式，如果因為旅館作業的疏失，而登錄錯誤的帳務，前檯服務人員沒有被授權進入原先登錄帳務的系統更正時，必須自前台出納系統更正時，此時前台服務人員可以用折讓（allowance）的會計科目予以調整帳目[7]。

　　當客人於帳單上簽名確認完畢之後即向客人收取房租，並依第六章第三節客人付款方式中應注意事項辦理結帳收款，如為現金結帳，應謹慎核對錢幣的真假，並請客人於現點清款項；如為信用卡付款，服務人員可將預刷帳單之授權編號，直接轉入正確消費金額，再度變識信用卡卡號、信用卡有效期限，請客人於信用卡簽帳單上簽名後，核對信用卡上與簽帳單上的簽名字跡，完成結帳工作。

---

[7] 旅館資訊系統的設計，讓不同權責的人再進入系統時，有不同的權限，所以前台服務人員並不是都可以進入系統中更正帳目；此外，登錄帳務錯誤的原因很多，當前檯人員用折讓的方式調整帳目之後，此筆資料到財務後之後，財務部會依照真實的原因將帳務調整，以便於各部門正確的計算成本。

結帳完畢，服務人員應將帳單、信用卡簽帳單（以信用卡付款者）、及發票（本國法律應開立發票）等，以帳袋包裝好交由客人點收，已完成結帳程序。同時向客人索回取房間鑰匙（若為電子式門鑰則可送給客人紀念），並查看客人是否還留有郵件、訪客留言等，同時向客人致謝，並連絡行李員協助客人搬運行李。

當客人辦理結帳時，櫃檯接待人員可瞭解客人是否需要為下次再來時預訂房間，或是客人的去處，以便安排車輛或代訂其它飯店。當櫃檯完成結帳程序之後，必須將資訊系統系統辦理退房狀態，此時客房狀況即改變為「空房待整」，以便房務員整理。這是一道重要的程序，以便相關部門能掌握房態及客人動態。

如果完成客人退房程序之後，發現該住客個人資料沒有完整登入在系統中，可以選擇進入系統畫面中，在『接待出納』下拉表單中，選擇『住房補登資料』功能，依畫面指示選擇補登資料房號：依序輸入所需補燈的資料即可。

6-3-2 快速退房服務

快速退房（Express Check-out）為避免客人集中於退房的尖峰排隊等候之苦，而發展出的退房程序。

在客人退房的前一天，櫃檯人員準備客人房帳的消費明細及同意授權取款的信用卡授權交給客人確認及簽名，讓客人初步瞭解應付金額，並請客人授權給櫃檯人員填具最後結帳的金額數目之用。客人退房離店時只需至櫃檯交還房間鑰匙，不需經過出納即可逕自離開。

房客可能在簽收此帳單後再發生費用，通常都是電話費、客房冰箱物品、早餐等，若客人產生最後的費用與退房前查閱的帳單產生差額時，櫃檯人員則將費用登錄之後，把最終的帳單明細按地址寄給客人，以便客人能夠核對發卡銀行寄給客人的每月對帳單。

在快速退房的設計中，旅館可以是先徵詢旅客的意願，由預刷的信用卡中直接付款，系統將可以直接處理旅客的帳單，而客人僅需再帳單中簽名就可。

6-3-3　團體退房遷出程序

面對團體結帳的客人，服務人員應於退房前一日提前將團體的帳單查核一遍，確認是否正確無誤，特別是該團體若在旅館內開會、用餐、購物等消費時，應逐一確認各項消費明細，同時在結帳前應先與服務人員確認區分各項消費為公帳或私帳，帳單與發票是否需要分開開立等，以減少結帳的時間。

團體客人一般由負責結帳之人員結算住宿費用，一般常見之團體如旅行社，是由領隊或導遊負責，公司機構由負責活動之人員辦理結帳；團體結帳工作比照一般退房程序，將所屬團帳帳單列印完成後，交由負責結帳的人員確認無誤後，於帳單上簽認，付款同時須檢查全部房間鑰匙是否悉數收回，。若該團體有成員提早或延後退房者，應將帳務特別註記，避免產生錯誤。

團體退房除了在帳務尚需格外謹慎之外，對於行李運送亦應謹慎，避免務送或短少的情況。

有些客人在辦理完畢付款的程序之後，但仍可能使用客房，因此保留客房的鎖匙，前檯服務人員則須將該客房的狀態停留在「關帳」之中，但不要將該客房作退房（Check out）的狀態[8]，這會讓其他部門的服務人員了接該客房的使用狀況。

本書所舉資訊系統中，前檯人員進入系統畫面中，在『房務』下拉表單中，選擇『全部住宿＞住宿待掃』功能，選擇確定後即完成客房狀態轉換，以便於服務人員知道有哪些房間可以開始清理。

退房之後，旅館會將住房客人的住宿的各項資料記錄並保存起來，稱為客人歷史資料（Guest History Data）。資訊系統化的作業中，當客人退房後，資訊系統系統會自動記錄並累計客人住宿的日數、住房型態、住房期間及消費金額等。

---

[8]　Check out 的過程為將客房狀態由 "occupy" 改為 "check out/dirty"，以便於房務部人員整理客房。

　　旅館服務人員應補充登記旅客在住房期間特別的需求，例如偏愛高樓層、指定住宿的房間、喜愛的水果、對於客房內被品的需求、習慣備稱呼的稱謂等習性偏好，以做好客人客人習性的瞭解。

　　從客人歷史資料能夠瞭解客人住宿的次數，旅館可針對個案給予升等優惠，或贈送免費的咖啡券或早餐券，甚至給予一夜住宿招待。

　　由客人歷史資料可統計分析出旅館客人住宿的潛在喜好。旅館的行銷可以透過、會員優惠、「激勵方案」（Referred guest program）或升等住房等禮遇，以鼓勵客人對旅館的忠誠，例如贈送禮品、旅館禮券、餐券、住宿券等。

　　在系統中，點選『客戶歷史報表』即進入旅客管理畫面，如圖 6-16 所示。

圖 6-16　住客歷史報表

　　如果想要列印個人或公司的通訊或交易資料，在系統中，點選『住客歷史報表』，選擇『住客歷史基本資料』並輸入篩選條件，即可以從結果中完成列印報表的工作，如圖 6-17 所示。

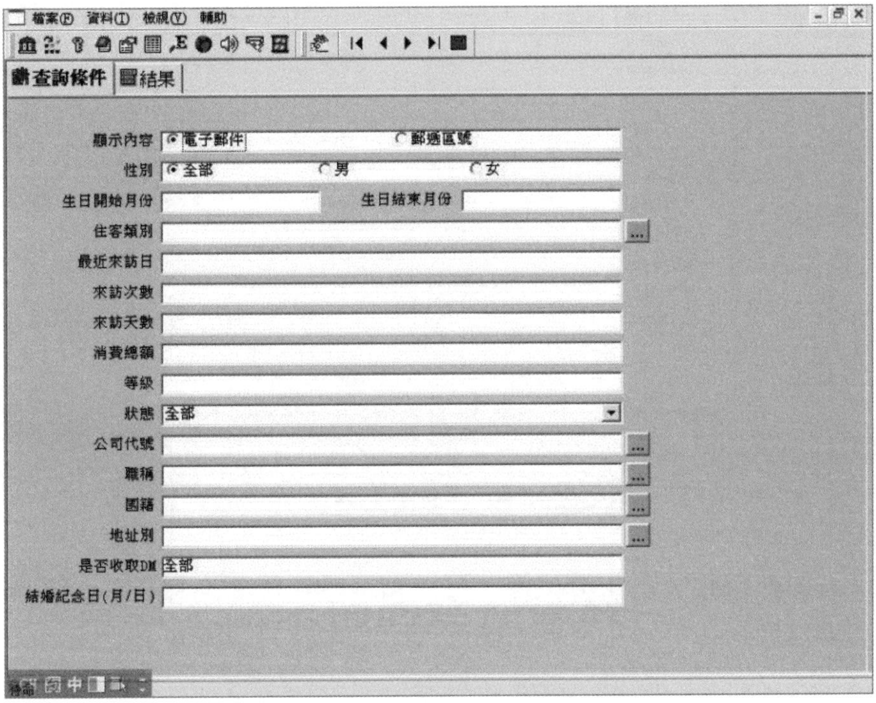

圖 6-17　住客歷史基本資料

　　此外，商務型態的旅館會針對專責處理訂房的秘書，發展獎勵秘書的方案，例如藉由秘書週或秘書之夜，廣邀秘書人員，設宴感謝期對旅館的支持；或者以回饋獎勵的方式，依照訂房的客房數回饋現金或等值禮券，以酬謝其訂房的辛勞，並掌握住房客源。

　　相同的，旅館資訊系統也可以管理簽約公司的資料；在系統中，在『業務系統』中，選擇『業務資料查詢』，即進入公司管理畫面，如圖 6-18 所示。

圖 6-18 業務資料查詢

如果需要列印此公司住房紀錄，可以點選『客戶基本資料』，並輸入計算起始與結束日期，即可以在結果的欄位列印出報表，如圖 6-19 所示。

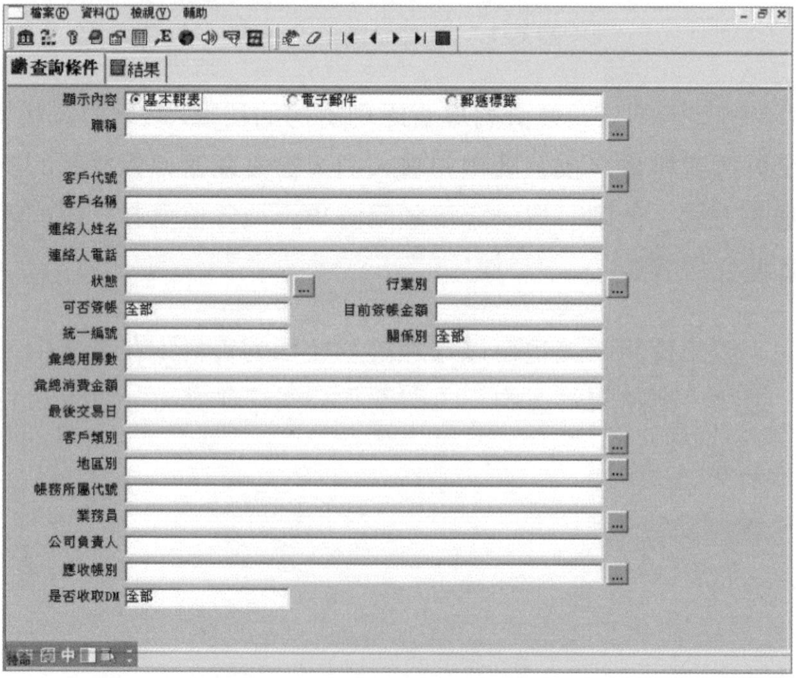

圖 6-19 客戶基本資料

　　若客人帳務並未隨退房時同時結算完畢，後續的帳務處理涉及轉帳的處理，或客人代付客帳之處理方式，分以下數種方式處理：

一、暫時未結帳

　　有些客人退房暫不結帳，可能於一兩天或數天內，將再度住進飯店；這類客人的房帳惠待下次退房遷出時，連同未付的帳一併結清。此類客人通常為常住飯店的熟客，或與旅館有簽約公司的客人，此類帳款一般稱之為南下帳或北上帳。

　　暫離一兩天的客人會把行李寄存於旅館，回館後再行取出，這時旅館服務人員將該筆客人的房帳轉存於虛擬房號內，更改客房狀態為 "closed"，其帳款金額不變，並將原房間辦理退房，等客人回來時再轉進新的房帳之內。

二、客人之間代付帳款

　　客人（簡稱甲）離店結帳時提出他的帳款由某房客（簡稱乙）支付時，應先要請客人確認另一客人的房號、姓名，並徵得雙方認可後，查出資訊系統資料後與以記錄，就可以把甲帳全部轉到乙帳上。在處理過程中要特別謹慎處理，以免結算錯誤。

三、對簽訂合約之公司或旅行社的簽帳

　　旅館的客人如果將帳務是透過簽約公司或旅行社付款，前檯負責出納的服務人員，將該筆帳轉入財務部應收帳款部分，由財務部統一收款。

　　如果對於簽帳收回後，可以進入系統畫面中，在『接待出納』下拉表單中，選擇『奢帳收回登錄』[9]功能，依畫面指示選擇要沖帳的日期及房號：

　　畫面會出現該客房未付帳款，服務人員依照實際收取金額與選擇收款方式，登錄資料後就完成沖帳工作。

---

[9]　本書所舉例系統畫面用詞為『奢帳收回登錄』，英文中為「city ledger」；為避免中文上誤認為奢帳為負面意義，特此說明。

旅館每月底將帳單整理之後寄回旅行社或簽約公司，通常要求在合約規範得日期內收到匯款，以結清本期應收帳款。對應收而未收到匯來的款項，應積極用電話連絡該公司或旅行社付款，必要時應以正式公文書行文或存証信函促其付款。

四、延遲登帳

遲延入帳（Late Charge）的發生是在旅客退房離店後櫃檯才收到營業單位的明細單，無法於退房同時結算帳款；因客人已退房離店，客務或財務部應主動聯繫客人確認後，取得客人信用卡授權以完成補行入帳。

五、有爭議性的帳

當旅館和客人之間對帳目發生爭議，包括因帳目的發生客人存有疑慮，因而拒絕支付全部或部份款項，或客人做保証訂房，因事後 "No Show"，不願支付房租之情況，旅館財務部或相關單位應向客人解釋說明之後處理。另一方面，旅館對簽約公司催款無效或跑帳房客，旅館除可利用保留的信用卡資料作收款的處理之外，亦應採取法律行動以追索欠款，以免形成呆帳。

PMS 為帳務及退房程序上提供強大的支援功能，對於大夜班服務人員值得善用的功能包括：大夜班確認房價以後，將房價和房價稅自動入帳。然後紀錄所有的資料。可以將客人的消費金額表列印出來並請客人確認和簽名即可完成程序。若客人已告知退房時可能急著要離開飯店。大夜班服務人員可以在前一個晚上幫客人將帳單印出來，讓客人先確認。除此之外，客人用相同的信用卡辦理退房，再 check-out 的前一晚把 Folio 送到房間或是電話確認或寄信給客人，客人不需經過 check-out 的手續，就可以直接走，只要透過信用卡公司結帳即可。

值得注意的是，資訊系統不是萬能的；因為人操作資訊系統可能會有錯誤，如：over charge、under charge 的情況及資訊系統打錯、看錯字、不同的時間再輸入一次等。大夜班的主要工作是再確認輸入的內容是否正確。另外有一種情況，客人已先預付所有帳款，但夜間稽核人員仍再次將房價自動輸入，這將影響到 Average Daily Rate or Rev Per，使用上需要非常小心。

參考文獻與延伸閱讀

顧景昇 (2004)，旅館管理。揚智文化事業股份有限公司。台北。

顧景昇 (2007)，餐旅資訊系統，揚智文化事業股份有限公司。台北。

Aslani, S., Modarres, M., & Sibdari, S. (2013). A decomposition approach in network revenue management: Special case of hotel. *Journal of Revenue and Pricing Management, 12*(5), 451-463.

Basak Denizci, G., & Law, R. (2010). Analyzing hotel star ratings on third-party distribution websites. *International Journal of Contemporary Hospitality Management, 22*(6), 797-813.

Bowen, J. T., & Chen, S.-L. (2001). The relationship between customer loyalty and customer satisfaction. *International Journal of Contemporary Hospitality Management, 13*(4/5), 213-217.

Bowen, J. T., & Shoemaker, S. (2003). Loyalty: A Strategic Commitment. *Cornell Hotel and Restaurant Administration Quarterly, 44*(5/6), 31-46.

Dalci, I., Veyis, T., & Kosan, L. (2010). Customer profitability analysis with time-driven activity-based costing: a case study in a hotel. *International Journal of Contemporary Hospitality Management, 22*(5), 609-637.

David, J. S., Grabski, S., & Kasavana, M. (1996). The productivity paradox of hotel-industry technology. *Cornell Hotel and Restaurant Administration Quarterly, 37*(2), 64.

Dev, J., & Han, H. (2013). Personality, social comparison, consumption emotions, satisfaction, and behavioral intentions. *International Journal of Contemporary Hospitality Management, 25*(7), 970-993.

Luchars, J. Y., & Hinkin, T. R. (1996). The service-quality audit: A hotel case study. *Cornell Hotel and Restaurant Administration Quarterly, 37*(1), 34.

Min, H., Hyesung, M., & Emam, A. (2002). A data mining approach to developing the profiles of hotel customers. *International Journal of Contemporary Hospitality Management, 14*(6), 274-285.

Min, H., & Min, H. (1996). Competitive benchmarking of Korean luxury hotels using the analytic hierarchy process and competitive gap analysis. *The Journal of Services Marketing, 10*(3), 58-72.

Murphy, H. C., & Rottet, D. (2009). An exploration of the key hotel processes implicated in biometric adoption. *International Journal of Contemporary Hospitality Management, 21*(2), 201-212.

Oyedele, A., & Simpson, P. M. (2007). An empirical investigation of consumer control factors on intention to use selected self-service technologies. *International Journal of Service Industry Management, 18*(3), 287-306.

Ramanathan, R. (2012). An exploratory study of marketing, physical and people related performance criteria in hotels. *International Journal of Contemporary Hospitality Management, 24*(1), 44-61.

Shan-Chun, L., Barker, S., & Kandampully, J. (2003). Technology, service quality, and customer loyalty in hotels: Australian managerial perspectives. *Managing Service Quality, 13*(5), 423-432.

Siguaw, J. A., & Enz, C. A. (1999). Best practices in hotel operations. *Cornell Hotel and Restaurant Administration Quarterly, 40*(6), 42-53.

Yves Van, V., Vermeir, I., & Larivière, B. (2013). Service recovery's impact on customers next-in-line. *Managing Service Quality, 23*(6), 495-512.

Zhang, Z., Ye, Q., & Law, R. (2011). Determinants of hotel room price. *International Journal of Contemporary Hospitality Management, 23*(7), 972-981.

學習評量

1. 客人＿＿＿是旅館服務客人最關鍵的時刻之一。

   (A) 退房　　　　　　(B) 客房整理　　　(C) 登記入房　　　(D) 吃飯

2. 如顧客在飯店過程中使用 Mini Bar、前往餐廳消費或者有任何額外消費，飯店可如何處理？

   (A) 入房前詢問顧客意願，是否另外付費

   (B) 以住客身份登錄其住房帳目內，在退房時才全部結清

   (C) 以上皆可

   (D) 以上皆非

3. 旅館帳務方面，對於旅行團或團體住房設立＿＿＿＿＿，然後依照住客消費項目逐一記錄。

   (A) 房帳　　　　　　(B) 流水帳　　　　(C) 團體帳卡　　　(D) 個人帳卡

4. 團體帳卡的英文是：

   (A) account　　　　(B) Visa folio　　　(C) folio　　　　　(D) Master folio

5. ＿＿＿＿＿＿需要提供基本營運績效分析，包括：

   (1)統計住房率（occupancy）(2)客房平均收入（Average Daily Rate）

   (3)客房營業收入（Room revenue）

   (A) 客房情況統計報告　　　　　　　(B) 營業分析統計報告

   (C) 飯店住房分析報告　　　　　　　(D) 住客續住統計報表

6. ＿＿＿＿＿＿的發生是在旅客退房離店後櫃檯才收到營業單位的明細單，無法於退房同時結算帳款，客務或財務部應主動聯繫客人確認後，取得客人信用卡授權以完成補行入帳。

   (A) 未收帳款　　　(B) 遲延入帳　　　(C) 以上皆是　　　(D) 以上皆非

7. 系統提供外幣兌換管理的功能；服務人員進入系統畫面中，點選_____選擇『外幣匯兌異動』功能，將匯率資料輸入存檔。

(A) 支出管理　　　(B) 帳務管理　　　(C) 出納查詢　　　(D) 出納管理

8. 系統提供每日每間客房收款明細查詢供稽核之用；進入系統畫面中點選『出納管理』，選擇_____功能，畫面會出現各房間中所有的收款的合計內容，提供稽核人員核對。

(A) 開立現金帳　　　　　　　(B) 夜間稽核帳務
(C) 旅客帳維護　　　　　　　(D) 已結帳處理

9. 如果旅客的房帳與私帳要分開 旅館通常會幫旅客開立幾個 folio？

(A) 2　　　　　　(B) 4　　　　　　(C) 6　　　　　　(D) 8

10. 旅客幫同行其他客房的親友付錢，旅館可以用以向何種方式協助銷帳？

(A) Change folio　　　　　　(B) Change account
(C) On change　　　　　　　(D) Payment

11. 如果二位同公司旅客住二間客房的房帳與私帳要分開，旅館通常會幫旅客開立幾個 folio？

(A) 2　　　　　　(B) 4　　　　　　(C) 6　　　　　　(D) 8

12. 旅館哪一項帳目會自動過帳？

(A) 早餐　　　　　(B) 房帳　　　　　(C) 洗衣費　　　　(D) 依客人需要

餐飲資訊系統

在我國，由於各地方菜色風味各具特色，餐飲服務業販售商品包羅萬象，餐飲服務事業的發展與經濟成長密切相關，餐廳經營的方式也隨國際化的程度而有長足的進步。在本章中，首先介紹餐廳的形式與產品特性，藉以瞭解不同型態餐廳在應用資訊科技時所需思考的層面。其次，本章說明餐飲資訊系統的架構，及此架構下所考慮的因素；最後說明餐飲資訊系統的延伸擴展方向。

林老闆計畫投資經營具備花東地區傳統文化特色的溫泉旅館中，謹慎地評估及規劃旅館餐飲走向。林老闆充分了解可以善用資訊科技所帶來的益處，除了在客房訂房發揮功能之外，在餐飲服務上也不敢掉以輕心，務必針對旅客的需求，提供個人化的服務，提升餐飲產品與服務的價值創新。

在他參訪旅館的過程中，他發現旅客用餐定位的比例遠低於住房的比例，另一方面，他發現餐飲在供給餐點時所需的速度也要相當的迅速，而用餐的客人這麼多，廚房出菜正確無誤是一向相當重要的過程。

同時他也發現：供餐所用的食物材料種類多，成本控制顯得格外重要，如果成本控制得當，將不至於增加餐飲直接成本；這一連串的問題，他將與管理顧問公司好好研究，想想資訊科技如何協助他經營餐飲服務工作。

餐飲服務業主要提供各種不同類型的餐點與飲料，滿足消費大眾不同程度的需求，藉以獲得經營利潤。餐飲業確實與其它行業有別，需要更多相關單位

或行業相互配合，才可以理想運作。餐飲業屬於服務業，其所提供的產品，大部分是無形而隨即消逝的，與其他產業有明顯差異之處。

7-1 餐飲服務特性與資訊系統

在一切講求資訊化管理的競爭環境哩，資訊化的餐飲供應資訊系統可使人員迅速獲致正確的成本估計，這是以前的人工系統中是不可能辦到的。原因是成本管制的層面所牽涉的資料太多，而且相當複雜，人工處理不僅耗時費力，同時也無法作出當時所需要的評估。餐飲經理往往在辛勤忙碌於紙上作業幾天之後，所得的結果卻不能滿足統計與估算上的需要。採用餐飲服務電腦化系統所能帶來的好處有很多，例如迅速獲致正確的資訊、降低服務生人數，減少成本支出、及大幅度改善成本管制手續，從而促進管制的功能。

餐旅資訊系統會因為餐飲服務業的特性而有所差異；餐飲服務業的經營型態根據其經營的目的可為兩種型態：「營利」和「非營利」餐飲組織。營利餐飲組織包括以「賺取利潤為目的」的各式餐廳，如：各種高級餐廳、咖啡廳、、速食店、酒吧、飯店、賭場、俱樂部或民宿等附設的餐廳、牛排館、自助餐廳等，都算是營利性質的餐飲服務業。

非營利的餐飲機構，頃向於「不以賺取利潤為目的」，而是以提供適當餐飲來服務客人為主，營業只要達到損益平衡即可。這類的組織如：學校自營的學生餐廳（提供如營養午餐等餐飲）、工廠、公司或政府單位自營的員工餐廳、醫院或醫療機構中自營由營養師調配提供給病患的餐飲服務、監獄、軍隊中的餐廳，或是宗教團體提供的餐飲服務等，均屬此類。不論任何形式的餐飲服務業，其經營特性分述如下：

一、資訊系統降低餐飲作業成本

餐飲服務業的服務流程繁複，餐飲服務人員是餐飲服務過程中了靈魂，尤其講求精緻服務的高級餐廳更是如此；餐飲資訊系統可以有效降低餐飲服務人員的作業成本。為要使整個餐飲作業程序順暢，餐飲資訊系統可以協助服務人員提升服務的技能，以呈現高品質專業的服務水準。

二、資訊系統可以整合作業流程

　　餐飲工作由於生產與消費同時發生，所以透過資訊系統對於生產作業的流程排定格外重要，餐廳所提供的服務，始於客人進入餐廳後、點菜、到廚房依其所點的菜餚製成成品；同時也別於大量生產商品的製造業：餐飲資訊系統可以整豪銷售量的預估以達到控制生產量的結果，新的作業流程可以提升福促品質。

三、資訊系統降低餐飲產品呈現異質性

　　餐飲產品的異質性也代表品質呈現的異質性，利用資訊系統在菜單設計及成本控制上就顯得格外重要。不同顧客所需求的與期待的服務也因個人特質而會有所不同；對許多連鎖性的餐廳而言，標準化菜單與標準化作業流程是餐廳經營所關切的。餐飲資訊系統可以降低異質性的發生，達到餐廳服務標準化與一致性，是餐飲服務業需要面對的挑戰。

四、資訊系統可以降低餐飲商品無法預定的落差

　　透過餐飲產品銷售的預估與作業流程的排定'，可以有效地控制成本；由於顧客用餐的行為中，對於預先訂位的習慣不同於旅館住宿；一般顧客在餐廳所接受的服務品質，很難在消費之前獲知或察覺，不像購買其他商品，先行感受品質要求標準後再行購買。所以餐飲服務業更需要提升的服務品質，並建立商品預定的機制，引導顧客在消費前能產生消費前預定的行為，這對成本控制有相當大的幫助。

五、資訊系統可以預知產品需求的波動性

　　客人用在餐飲消費的支出受到經濟因素的影響；同時飲食習慣所牽涉的因素也很廣，對於客人的數量，以及所消費的餐食，一般很難預估；資訊系統可以根據歷史資料，預估在某些區域的餐飲作業，受到交通、天候、情緒等的影響影響下，在淡旺季銷售的情況，因此對於人力支援方面，在菜餚的準備與生產上，可過預估的方式加以控制。

六、資訊系統可以降低庫存

餐飲商品包括餐點及用餐的空間，餐點成品是很難事先製備儲存的，餐廳的用餐空間，如果當天沒有顧客使用，不可能保留到隔天增額售出；透過資訊系統有效地控制或引導顧客再不同的時間區段用餐，達到最高的翻桌率與最大的銷售額，乃是經營者最主要的行銷策略。

七、資訊系統導引標準化及客製化

餐飲業所提供的產品服務，必須兼顧標準化與客製化的特性，資訊系統可以讓產品標準化有助於成本控制，此外，資訊系統可以透過對顧客用躍喜好的紀錄，達到對不同客人客製化的的製作需求，有助於提升服務品質。

此外，餐飲服務業的經營管理，在環保意識的抬頭，員工流動率偏高，與忠誠顧客的關係不易建立等潛在因素影響下，都會導致其經營管理的困難與複雜性提高，管理與業者必須重視之，並尋求解決之道。餐飲業的演變發展中，可歸納下列幾個趨勢：

一、餐飲連鎖化的資訊化經營

連鎖化經營的第一個導入觀念就是餐飲資訊系統化。不管是中式或西式的速食業，除了強調的是簡單、經濟、快速的餐飲服務，服務人員不須要受過太多專業的儲藝訓練，在服務態度上加強即可；室內的設備與裝潢明亮、清潔乾淨，就可以滿足顧客要求。以上這些速食業的特性，非常合適都市化較強且忙碌人口的飲食需求，更重要的是透過資訊系統，整合所有生產作業的程序。

速食餐飲業的連鎖經營造成餐飲市場相當大的震撼，採連鎖經營有很多好處，例如因大量進貨，採購籌碼加大，可降低食物進貨成本，廣告統一促銷，費用減少，各處分店可利用總部發出來的成果以及資訊、使用現有的品牌（顧客已經有完整的認知），以及整套經營管理的 Know-How 轉移等。相對地，或許有缺失的地方，不過利多於弊，再者餐飲業的連鎖經營體制漸漸成熟，同時，加入餐飲業的經濟阻礙較低，一般而言，加入連鎖店經營所需的成本低，對於想自己開店工作族群，是不錯的考慮。

二、新型的自助式餐廳蔚為風潮

　　許多新型的設計的自助餐廳，最主要是提供用餐場所氣派、位子舒服、服務講究、菜色質佳而且富變化，資訊系統所呈現新型的點菜服務也因應而生。再者，與高級西餐廳或套餐的價格相較，卻較便宜，且可享受到一樣的美食。受到飲食習慣的改變，許多開放式廚房的供餐型態餐廳興起，這類型的開放式廚房餐廳，提供多種口感的選擇，一次滿足不同消費者的需求，透過資訊系統有效地提估客人送菜服務，以應付外面競爭非常激烈的餐飲市場。此外，藉著吸引大量的人潮與評價不俗的口碑，期能同時對飯店內其他部門的餐飲單位帶動一些生意。

三、策略聯盟創造競爭力

　　透過資訊系統可以讓國內或國外，跟同行或其他產業的結合，是一種策略聯盟的運作方式，已是一股風潮，銳不可當，可發揮相乘的效果，如果結合同行或不同營業性質的產業，共同努力開發更大的消費市場與市場佔有率，其競爭能力自然而然也相對提升。例如與協力廠商的配合，聯合舉辦促銷活動，或與休閒業的合作發展等。未來餐飲業的發展，彼此結合在一起，互相配合，資源共享，共同為創造美好的餐飲市場努力。

四、環保意識盛行

　　美國速食業早已開始把有環保之害的塑膠餐盒或塑膠袋，改用紙餐盒或紙帶來代替；隨著消費者意識抬頭，民眾漸漸地注意到自己週遭所面臨影響生活品質的種種問題，如環境污染、噪音等。餐飲業者應該開始改進不符合環保的措施，如污水處理，廚房的油煙處理，以及噪音的防治等，來餐飲業所用的設備應事先考慮到是否會對環保產生污染，如利用瓷盤代替紙盤或塑膠盤，玻璃杯代替紙杯或塑膠杯等。環保產品的餐飲業者才會受到消費信賴。

五、國際化的餐飲市場

　　餐飲業的競爭日益嚴重，家族式的傳統經營方式已漸漸式微，無法克服與突破現狀，在經營的體質上，並不能做有效的改進，唯有採用企業化的經營方式，才能使一些家族式的小公司繼續成長茁壯，塑造更好的企業形象，並吸收

更優秀的餐飲人才，無形之中，服務品質提升，顧客滿意度也會相對提高。除此之外，與一些國際知名品牌技術合作，引進一些較先進的經營管理know-how，特別是透過資訊系統管理生產作業流程，帶動國內餐飲業新觀代與新面貌是值得鼓勵的。

六、冷凍或半成品的食品大行其道

由於科技的進步與設備更新，對食物產品的保存更加完整，冷凍食品的口感與品質並不亞於新鮮的食品，再者，廚房的基層人力日益短缺，廚師們或餐飲業者漸漸改採快速且方便的冷凍或半成品的食品，其中尤以歐式自助餐廳較盛行，中式或綜合性的自助餐也漸普及之。造成此趨勢，中央廚房的相繼出現，也是功不可沒，大量集中且有效率生產食品，是其主要特色。

7-2 餐飲資訊系統的架構

餐飲資訊系統承襲 POS（point of sale）的精神，將點菜服務視為及時銷售的架構；傳統上，餐飲服務員為客人點菜完畢之後，開立三聯式點菜單（captain order），其中一聯點菜單送到廚房，提供廚師出菜的資訊；另一聯送到櫃檯出納，方便客人結帳確認帳單。

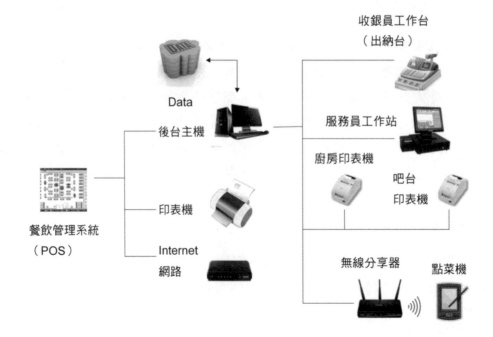

由於傳統的點菜方式純屬人工操作，所以人為的錯誤是嚴重影響其工作效率的主要原因，其中存在的缺點包括：人工傳遞浪費時間，效率低下，直接影響了翻臺率；經營大規模點菜服務時由於單據多、資訊量大，而分單、傳菜等環節經過的人越多越容易出問題，因而直接影響了服務品質；財務無法保證有效的監督管理機制。

在旅館裡，餐飲服務資訊化的過程中，就是將餐飲服務、出菜與結帳的功能合而為一，節省人工作業的成本，加速出菜與結帳的效率。這種基本的架構對於許多獨立式的餐廳、飲料服務業者已經提供相當方便的功能。

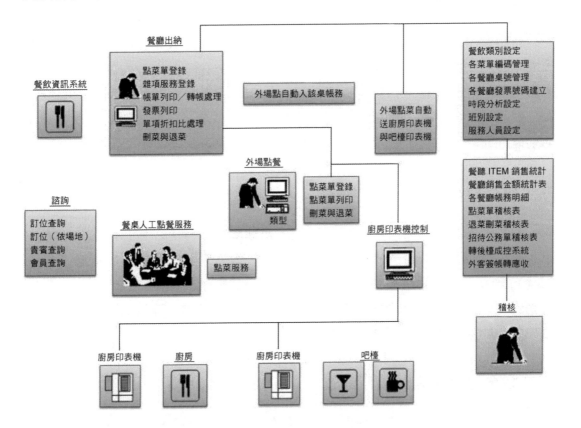

隨著資訊科技的發達，餐飲資訊系統在功能上與設備上逐漸擴充，因應餐飲服務的需求。在功能上，餐飲資訊系統發展了需多產品規劃的模組，這些模組，不同餐廳可以依照自己的特性加以設計：

一、菜單資訊模組

　　菜單模組的規劃，方便餐飲服務人員輸入客人點菜的內容，菜單資訊包括菜單的名稱、價格、套餐的組合等，服務人員只需輸入餐單的編號，即可以顯示相關的資訊；一般菜單資訊的輸入包括菜單編碼輸入、條碼式感應輸入、觸控式銀幕輸入等方式。

　　對於旅館內餐廳而言，

二、食譜資訊模組

　　藉由標準食譜的建立可以協助管理者分析標準食物成本、同時對於餐飲直接成本建立損益表及採購與驗收等相關業務分析，在一般大型的旅館、具備中央廚房功能的餐飲組織、醫院、學校等，均需藉由此模組功能協助分析菜單。食譜資訊模組同時也可以提供營養成分的分析與建議，這對於需要餐飲營養評估功能的醫院或學校，提供相當大的助益。

三、庫存模組

　　對於餐廳所採購的時才與相關物品，紀錄庫存資料，以作為成本分析的資訊。庫存模組分成預定入庫資料處理：排程、人力資源、及機具設備資源等分配時之參考；相關資料必須紀錄廠商名稱、商品數量、儲位等存入電腦。利用電腦處理大量資料並結合掃瞄器、無線終端機、條碼機...等相關設備精確及快速控制貨物處理程序，大幅降低非必要性之文書作業。

四、宴會訂席模組

　　宴會訂席在餐飲服務特性上，需要考慮場地日期的預定、座位的安排佈置、菜單的預先規劃、訂金收受與財務功能、宴會設備的安排等；因此這個模組對宴會場地的控制提供管理者極大的協助。目前許多旅館已經將旅館內宴會聽提供的場地功能、收費、器材設備等透過網路介紹，提供使用者查詢。

五、成本分析模組

管理者可以透過餐飲產品的提供與營業收入，可以有效地分析與控制各項餐飲成本。如果藉由消費資訊對於產品資訊的分析，管理者還可以了解菜單的受歡迎的程度，及在更新菜單及發展顧客關析上均有幫助。

六、結帳出納模組

出納模組提供發票開立與結帳功能，並提供相關結帳的報表分析，讓管理者可以及時了解餐廳營運的狀況。

七、會員管理模組

餐廳可以透過會員管理，提供會員產品最新的資訊、促銷說明、會員禮遇累計、會員生日服務等，以提升顧客服務管理的功能。

7-3　餐飲資訊系統架構的延伸擴展

在硬體技術上，在無線網路日益盛行的今天，餐飲服務業龐大的服務場地空間、繁瑣而重複的點餐流程需要創新。無線網路技術在餐飲業資訊服務系統中的應用，可以由手持點菜終端機，或一般常見的 IPAD、配合後臺伺服器、後臺顯示器、無線網路等主要硬體模組組成。

在餐飲服務工作上，餐飲服務人員生僅攜帶一台 IPAD（或其他的平板電腦），便可以通過設置在餐廳內的資料庫結合。在點菜終端機服務功能上，餐飲服務人員隨身攜帶的掌上型電腦，可自行定義界面，並根據不同級別、不同許可權分別登錄無線網路以及後臺伺服器中，選取所需的供能模組。功能模組也可以根據餐廳實際情況自行規劃。

而後臺伺服器可以作為網路核心的後臺伺服器，個性化界面的點菜軟體可以使後臺實時統計並監控各餐桌的營業情況和各服務人員的工作情況。無線點餐系統不僅實現了以機代人、化繁為簡的全新工作方式，同時對於餐飲管理、財務規整和個性化服務也提供服務的延伸性。

　　無線餐飲資訊服務系統透過無線區域網路技術的全新實用型系統，在以特色服務吸引客戶的同時，它也能有效提高餐飲機構的服務品質和工作效率。在基本的管理模組中，可以延伸原來的模組而提供以下的優點：

一、無線網路觸控功能管理

　　可以使遠程結賬和點菜廚房實時看到功能表，並完成從配菜、炒菜到傳菜的全部管理過程；完成點功能表電腦管理、觸控功能表前端收銀臺與各廚房的同步列印；實現無紙化操作功能，避免手寫登錄的人為性錯誤。

二、提升桌位績效管理

　　可以使餐廳經理實時掌握各桌上菜服務的情況、餐廳服務空閒情況以及各桌的點菜清單、點菜金額等，易於實時做出迅速而準確的服務決策。

　　餐廳經理可以藉由系統掌握服勤員工的名單、接待客戶的數量、作業流程等狀態等；同時，它也有助於員工實時了解自己的工作業績，提高工作積極性。

三、財務管理

　　可以使現金的計算和管理更安全，使每桌點菜金額、週期經營額、員工經營額以及財務報表更便於管理與支配。管理者經理可以動態地了解財務狀況，而即便是在外出差，也能遠程監控公司業務，並做出實時決策。同時，財務報表的自動生成也減少了錄入時間，提高了工作效率。

四、整合採購與庫存的供應鏈管理

　　餐飲資訊系統規劃上，必須突破的一點是客人訂製的問題；由於對於顧客而言，在用餐習慣上，不太願意以預定的方式用餐，對於餐廳採購庫存食材上趨成相當的困擾。許多新興的連鎖餐廳、大型量飯店或便利超商等，在提供餐飲服務時，同時結合物流配送的服務，例如 7-11 統一超商的網路服務，結合宅配服務，克服餐飲產品訂製與銷售上的限制，提供客人新鮮的餐點。

　　餐飲資訊系統可以與其他餐飲管理功能相結合；首先可以考慮將庫存資訊延伸至採購及物流配送功能，由於餐廳採購項目繁複，供應商眾多，如果能藉由供應鏈的整合，將可以提升採購的效率。在考慮餐飲資訊採購系統時，應考慮與供應商資訊系統的整合，這對於許多小型規模的餐飲服務業而言，仍然相當難以克服。

　　與餐飲服務相關的低溫宅配市場，宅配服務將是協助餐飲發展一向相當重要的發展，例如統一速達鎖定台灣各地農特產、名產、年菜為目標，進行低溫宅配，目前宅配項目涵蓋屏東黑鮪魚、台中甜柿、彰化葡萄、花東的山蘇、鳳梨釋迦、澎湖的海產等。

　　在工研院釋出冷藏技術之後，統一速達已面臨台灣宅配通、大榮貨運等企業的挑戰；例如，大榮投資了十餘億元，在全省廣設低溫物流中心、增設冷藏貨櫃車，推出「低溫一日配」行銷策略，以各地農特產品、名產、生機飲食等為目標，搶攻低溫宅配 B2C 領域。

　　為了搶攻低溫宅配市場，許多企業（例如台灣宅配通）除了投資上千萬元，在全省各據點設置冷藏設施，近期並取得工研院合作技術，切入冷凍冷藏宅配領域，購置冷藏車，並採用冷藏棒續冷技術作業模式，以節省低溫配送空間、降低冷藏冷凍成本，增加和統一速達的競爭實力。低溫宅配潛力無限，但市場切入所面臨的生產技術、包裝、保鮮技術門檻高，宅配物流業以「輔導交流、共榮共生」和供應商進行品質的精進來爭取客戶的認同。

　　餐飲服務業可以透過宅配的服務創造餐飲銷售的優勢，而資訊科技對於餐飲服務業而言，也可以延伸到追蹤食物配送流程的應用中。

 ## 參考文獻與延伸閱讀

顧景昇 (2004)，旅館管理。揚智文化事業股份有限公司。台北。

顧景昇 (2007)，餐旅資訊系統，揚智文化事業股份有限公司。台北。

學習評量

1. 餐飲服務_____系統能帶來許多好處，例如迅速獲得正確資訊、降低服務生人數、減少成本支出等等，從而促進管制的功能

   (A) 電腦化 　　　(B) 資訊化 　　　(C) 大眾化 　　　(D) 個人化

2. 下列何者不屬於"非營利餐廳"？

   (A) 學生餐廳 　　(B) 軍隊餐廳 　　(C) 員工餐廳 　　(D) 自助餐廳

3. 菜單資訊模組方便餐飲服務人員輸入點菜的內容，一般菜單資訊輸入包括三種，下列何者為非？

   (A) 菜單編碼輸入 　　　　　　　(B) 條碼式感應輸入
   (C) 多點式銀幕輸入 　　　　　　(D) 觸控式銀幕輸入

4. 傳統上餐飲服務員為客人點菜完畢之後，開立_____點菜單（Captain Order），其中一聯點菜單送到廚房，提供廚師出菜的資訊；另一聯送到櫃檯出納，方便客人結帳確認帳單

   (A) 三聯式 　　　(B) 兩聯式 　　　(C) 單連式 　　　(D) 電子發票

5. 資訊系統除了可以有效降低餐飲作業成本外，還可以降低哪些問題讓餐廳的營運更加順暢，下列何者為非？

   (A) 餐飲產品呈現的差異性 　　　(B) 降低庫存
   (C) 降低餐飲商品無法利用的落差 (D) 可以預知產品需求的波動性

6. 在一般大型的旅館、具備中央廚房功能的餐飲組織、醫院、學校等，均需藉由_____模組功能協助分析菜單。

   (A) 庫存模組 　　　　　　　　　(B) 成本分析模組
   (C) 宴會訂席模組 　　　　　　　(D) 食譜資訊模組

7. _____模組讓管理者可以透過餐飲產品的提供與營業收入，可以有效地分析與控制各項餐飲成本。

   (A) 庫存模組 　　　　　　　　　(B) 成本分析模組
   (C) 宴會訂席模組 　　　　　　　(D) 食譜資訊模組

8. 餐廳可以透過_____模組管理，提供會員產品最新的資訊、促銷說明、會員禮遇累計、會員生日服務等，以提升顧客服務管理的功能。

(A) 會員資訊模組　　　　　　　(B) 會員促銷模組

(C) 會員服務模組　　　　　　　(D) 會員管理模組

9. 資訊系統可以協助餐飲作業？

(A) 維持周轉率　　　　　　　　(B) 降低成本

(C) 維持服務品質　　　　　　　(D) 提高平均單價

10. 餐飲資訊系統可以協助餐飲作業？

(A) 降低餐飲產品呈現異質性　　(B) 去除 SOP

(C) 維持庫存優勢　　　　　　　(D) 以上皆非

11. 點菜開立三聯式點菜單（Captain Order）後，不交給？

(A) 廚房　　　　(B) 出納　　　　(C) 服務人員　　　(D) 老闆

12. 餐飲資訊管理系統可以減少傳統開立點菜單的好處包括？

(A) 傳遞快速　　　　　　　　　(B) 減少失誤

(C) 降低人工成本無線溝通功能　(D) 以上皆是

旅館業務系統

對旅館業而言，營運績效大多掌握在業務人員手中，因為他們會與旅遊業者或合約廠商簽約，保證旅館在未來擁有的住房需求。這表示了業務人員對於旅館的重要性，優秀的業務人員則是企業經營成功與否的關鍵因素。對台灣旅館業而言，淡旺季明顯，旺季時一房難求，到了淡季，為維持旅館營運成本與績效，行銷業務就就成為旅館的重點業務。過去旅館在淡季時會針對消費力強的散客或是大型公司（如科技業或藥廠），推出各類的套裝行程，以加量不加價的方式，增加產品的附加價值，吸引客人消費。而旅館業務部就是負責旅館業績的重要推手。介紹業務資訊系統，說明旅館思考行銷策略或會員管理上所考慮的資訊科技應用的方式。

8-1 旅館業務人員的功能

旅館業務部人的業務負責範圍主要以產業別作為區分，如 IT、醫療、政府機關、娛樂、運動、旅遊業者等產業。負責簽約客戶的業務人員，主要工作內容是以電話與陌生拜訪去開發新客戶、向客戶報價，此外，須協助客戶的訂房和特殊需求。為了維持與客戶之間的關係，平時會在客戶入住時迎接並且定期親自拜訪客戶，每年的年初和年底將會和客戶簽署新的合約。另外，旅館業和旅遊業者的合作關係更為密切，平時依合約內容給予業者優惠房價，在遇到旅遊業者團體訂房時，要重新報價，且不定期和旅遊業者推出相關的活動專案（如機加酒），需要雙方共同討論合作方案，所以接觸更為平凡。

在探討旅館業務部門職責與功能時，我們以上會網絡與職能二個觀點來分析旅館業務部門的作業。社會網絡是指一群人或組織間關係的網絡連結，社會網絡理論認為，網絡中所有的行動者因各種類的關係連結，形成了一個社會結構（social structure），在這樣的網絡結構中，彼此交換資源，接受所處位置所帶來的機會及限制。由社會網絡觀點而言，旅館業網絡中的行為者包含合約廠商與簽約客戶、旅遊業者、內部員工等所。藉由一連串的關係建立，在網絡中的行為者接受來自彼此的影響，彼此交換資源，享受著因網絡所處位置所帶來的機會及限制。舉例來說，旅館與合約廠商之間存在著交易關係，旅館透過這層關係獲得未來廠商入住飯店所帶來的營收，而合約廠商也因此得到了優惠的房價，減少成本支出。

就網絡結構途徑而言，業務部內的網絡途徑，是由個人與同事之間所形成的封閉式網絡。在這樣的網絡中，有利於共識的建立，信任與規範都能被有效維持，因為當中成員的互動頻率較高，造成高度熟識，且外人不易進入，並且關係緊密會影響工作任務的績效表現。另一方面，旅館業務部與客戶之間（如旅遊業者）的關係途徑中，同樣的也存在著類似情形，兩行為者之間的關係好壞、強弱，將會影響雙方在合作上的信任與意願，關係著是否能維持企業的競爭力。對旅館業而言，網絡中的節點包含同事、公司與客戶，而在各網絡節點間關係的品質會去影響雙方關係的互動。過去研究指出：雙方之間關係好壞，同時也會影響企業競爭力，而職能是能影響與客戶之間關係的重要因素之一，更會去影響工作績效。因此，職能會影響到旅館業的網絡關係。

另一方面，職能是旅館業注重的議題之一；近幾年來研究指出旅館中高階主管所需具備的職能包含領導力、溝通能力、執行力、自我管理、危機處理、問題解決能力、資訊能力等，其中問題解決能力與危機處理屬於最重要的職能；研究也指出：員工的職能將影響到整體企業績效，面對競爭的市場，員工職能也將影響企業聲譽和長期的競爭能力。

此外，管理者職能的好壞，造成了他們對於員工有不同的態度，進而影響員工的工作表現。因此，旅館明確找出員工工作所需的職能，發現職能間互相影響的關係，並透過制定每個職位所需的的職能，將能在招募時更精準的選擇員工，而在職員工也能經過訓練課程後，提升職能，增加服務水平與工作績效。

旅館業務人員扮演與客戶接觸的第一線人員，代表公司形象。客戶能從業務人員身上推敲旅館專業服務能力的好壞。業務人員須具備充足的旅館專業知識並且對於負責產業也有相當的了解，才能和客戶接洽的過程中，以專業知識解決客戶問題，提供客戶卓越的服務能力。

職能（Competence）是指從事專門負責的之職務，能勝任該職務工作內涵所需具備之能力，此能力包含了知識、技能及態度。專業能力之構成要件包括：專業知識的學習、技能的訓練與培養、確實符合工作規範、具備專業精神、注重專業態度、主動追求專業成長以勝任工作職責並達成工作目標。旅館業從業人員的核心職能分別有領導能力、客戶服務能力、溝通能力、執行力、分析能力、專業知識、危機處理能力、問題解決能力與人分享和自我管理等能力。在競爭的旅館產業，旅館業務部門的績效好壞同時影響著旅館的經營績效，業務人員除了面臨職能專業化的挑戰，更必須去思考是否具有足夠的能力解決不同客戶的需求。旅館業高階主管專業能力主要分為兩類，一類為一般性專業能力包含分析能力、策略管理能力、執行能力、問題解決能力、危機處理、文化、人際關係、溝通能力、領導能力、自我管理、態度、創造力、外語能力等能力領域。一類是技術性專業能力：現場管理、人力資源、財務管理、業務及行銷、資訊能力等能力領域。此外，一位成功的業務人員也需具備了問題解決能力，為了達成目標，解決所遇到的困難，直到達成銷售為止。對旅館業務人員而言，經常面對形形色色不同的客戶，每位客戶所提出的需求也不同。業務人員需要負責完成客戶事前所交代的任務，甚至要面對突如其來的情況發生，為了要滿足客戶需求，在這之間必須要去連絡旅館內各部門人員，統整資源，才能圓滿完成任務。另外，如何與客戶維持長久的合作關係被視為企業的競爭優勢之一，在旅館業與其合作夥伴的關係中，業務人員的主要工作就是維護與客人之間的合作關係，維持績效。對於合作夥伴的信任，將是導致於關係穩固的重要因素之一，更由甚者，信任能力是會影響業務人員工作績效的職能之一。

旅館業務部為了維持營運績效，常須和簽約客戶或旅遊業者合作。影響雙方合作關係的因素，包含雙方的信任、給予對方的承諾、協調的過程、互相參與的程度。由於旅館業務人員需要擬定和旅遊業者或合作廠商的合約，專業解決能力對業務主管而言相對重要，是否會去思考這類問題，在制定合約時，設想合作夥伴的需求，或想出和客戶新的合作方式，將會對企業未來的工作績效產生影響。

就社會網絡而言，業務人員和客戶之間透過互動與聯合決策的方式，能使彼此之間的關係更為密切，並且聯合決策決策能分擔責任、減少未來可能發生的問題，使客戶覺得這次的決策是個雙贏決策。對旅館業來說，業務人員是旅館與客戶之間的橋樑，旅館透過業務人員將房間售予客戶，客戶從業務人員身上得到住房的供給。在此過程中，聯合決策不佳的業務人員無法提供客戶客製化的產品，應付客戶不同的需求，工作績效也隨之下降。此外，旅館業務主管面對市場競爭，必須要掌握即時資訊，才能握有市場先機。在過去有關於資訊分享研究指出業務同仁彼此資訊分享會使績效提升，資訊分享與團隊績效具有正向影響。也就是說，創造業務部門資訊共享的環境與組織文化，就能提升工作績效。

在系統功能上，業務主管可以透過業務系統（如圖 8-1）對業務人員作業務指派作業（如圖 8-2 及 8-3）。

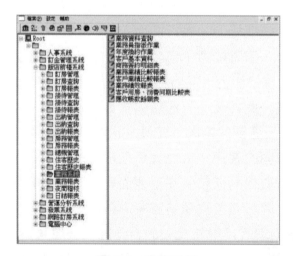

圖 8-1 業務系統

圖 8-2 業物資料查詢　　　　　　圖 8-3 業務員指派做業

業務人員可以透過合約管理（如圖 8-4 及圖 8-5）了解管理往來客戶。

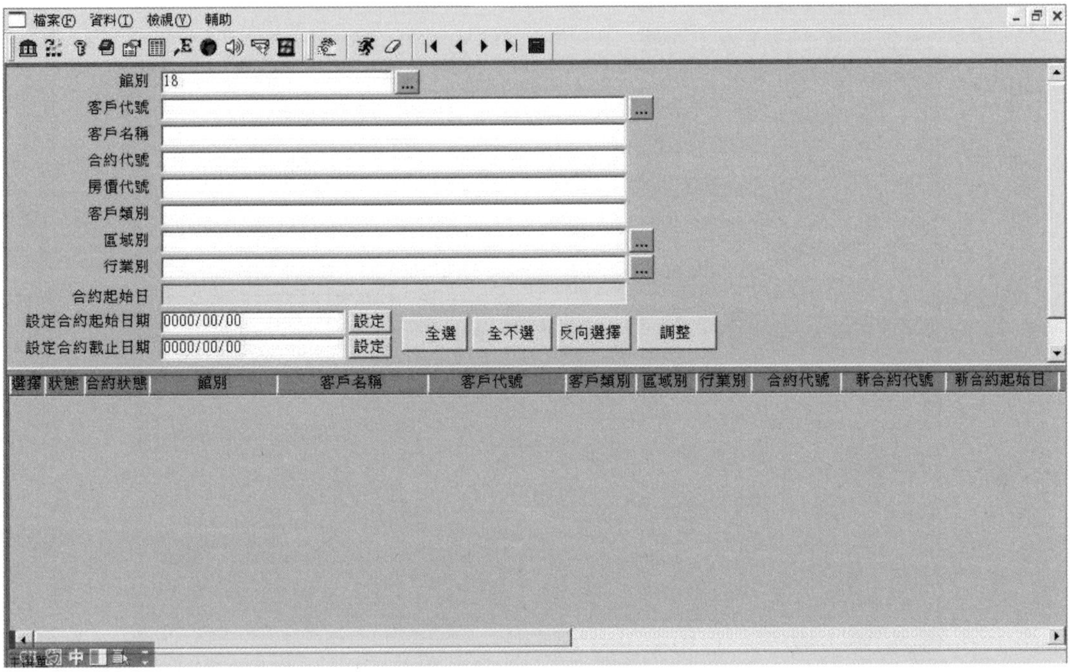

圖 8-4　年度換約作業

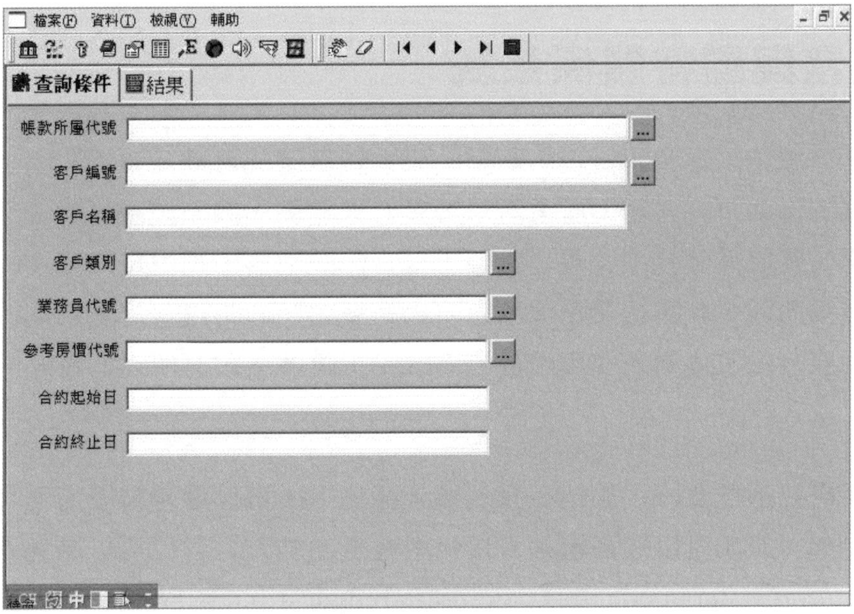

圖 8-5　商務簽約明細表

同時主管也可以透過業績比較報表（如圖 8-6）來管理業務人員。

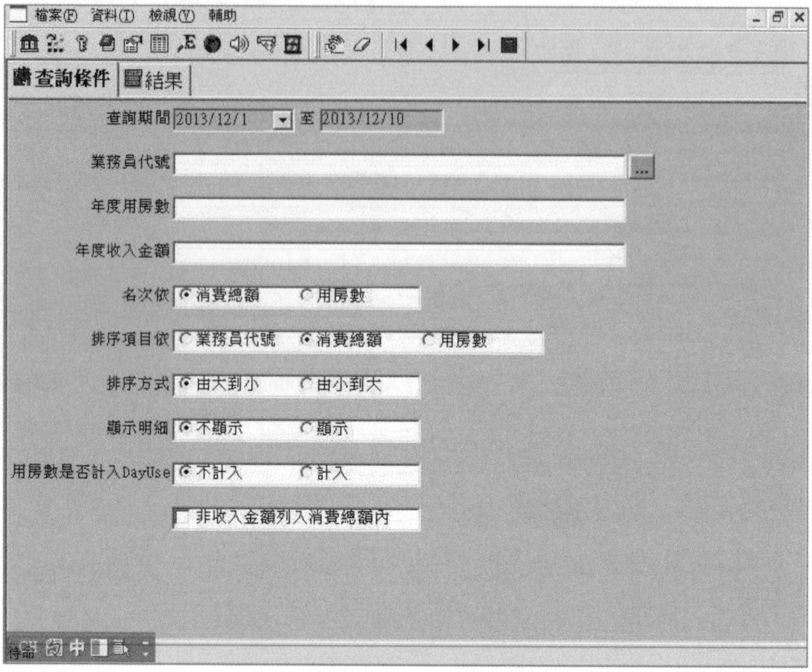

圖 8-6 業務業績比較報表

8-2 業務與顧客關係系統

觀光旅遊業因應資訊科技的衝擊，而重新界定其目標及業務範圍，在資訊科技發展的協助下，各企業體重新思考其合作關係。觀光旅遊業對資訊科技的倚賴加深，將旅遊服務系統視為瞭解市場資訊的利器，經由資訊科技的協助，不僅可以幫助觀光旅遊企業瞭解旅遊市場的變化，同時隨著訂位系統的發展，旅客可以直接由訂位系統或旅遊服務系統中，瞭解或預訂所需的旅遊館商品或服務。

除了訂位系統之外，旅館在發展顧客關係上，可以透過電子商務直接面對顧客；例如：旅館可以透過網站直接吸引會員的加入，各位可以參考喜達屋集團 <http://www.starwoodhotels.com/preferredguest/index.html> 網站了解該集團對於會員權益的說明。

　　旅客僅需填寫相關的個人資訊及可以加入不同的會員，當旅客加入會員之後可以了解會員所享有的優惠，及接受旅館的促銷訊息；旅館可以透過電子郵件或網頁告知會員相關的訊息，旅客也可以透過此系統了解過去消費的紀錄。

　　旅館開發行銷資訊系統，應重視水平整合資訊共享避免重複輸入一般而言，資訊進入進入行銷資訊系統後，經由四個次系統：(1) 偵測系統：提供企業內與產業環境中正在發生中的資訊，作為管理者決策形成的參考。(2) 統計系統：結合統計及決策模式，利用電腦科技輔助決策者或其他使用者，將環境資訊予以計量統計，以進行決策分析。(3) 智慧系統：針對特定問題或機會，如觀光旅遊業消費者消費行為調查、廣告效度等進行研究，以協助修正觀光旅遊行銷策略。(4) 預算系統：藉由預算系統對市場獲利情況作全面瞭解，同時對預算扮演回饋監督功能；使不同的使用者得到所需的資訊。

　　然而，以旅館單一企業而言，資訊系統之規劃，通常針對不同業務機能單位，分別設計不同次功能系統，以提供各機能單位經營管理之用。若在各事業單位資訊無法溝通的情況下，容易造成資訊無法共享，而必須重複輸入資訊，徒然浪費企業內部資源。因此；在思考企業資訊策略時，即應考量企業內各部門資訊之水平、垂直整合及作業之區域整合。

　　企業內水平整合的意義為：將企業之作業、控制與規劃三個階層，同一階層中如財務、業務、人力資源等不同的資訊需求，整合自同一資訊源。而垂直整合的意義是：整合不同管理階層中的單一職能，將基層作業、中階管理、高層決策等各階層，依財務、業務、人力資源之單一職能資訊予以整合。

　　一般而言，基層作業之管理者所需的資訊量較大，亦較瑣碎，例如旅館中餐飲營業單位所需的周轉率、平均消費額統計；客務部門所需旅客住宿登記、平均房價、住宿率等資訊。

　　中階管理者所需的資訊具有彙整性，例如各國際觀光旅館的住房比較分析、平均房價、促銷動態分析彙整報表等；旅館資訊系統提供業務人員進行顧客關係管理工作；在進入系統中，業務人員可以藉由『顧客歷史』（如圖 8-7）的選單點選『住客歷史』（圖 8-8）來查詢旅客資料分析旅客消費行為的功能：

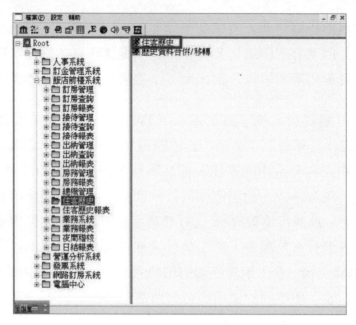

圖 8-7 住客歷史

輸入要查詢客人的名字即可以看到該位旅客過去住房記錄與消費情況。

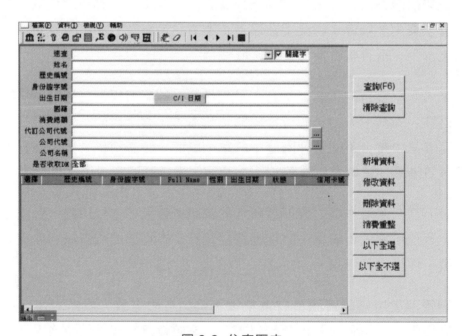

圖 8-8 住客歷史

相同地，行銷人員也可以藉由系統對企業進行顧客關係管理；藉由『住客歷史資料』下拉選單中『住客歷史基本資料』分析旅客消費行為，如圖 8-9 及圖 8-10 所示：

圖 8-9　住客歷史報表

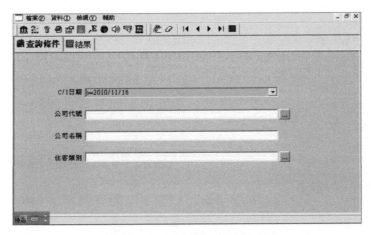

圖 8-10　住客歷史基本資料

　　輸入要查詢企業的代號可以看到該位旅客過去住房記錄與消費情況。

　　如果要寄送旅館內相關的活動資訊時，可以透過 E-mail 或郵遞的方式，將訊息傳送給企業了解。藉由系統『顧客歷史資料』下拉選單中『郵寄標籤功能』[1]。

---

[1]　雖然系統提供住房旅客名單列印，但是習慣上，旅館並不會主動寄資料給曾經住房的客人；但是如果旅館實施會員制度，則可以利用此功能將旅館的活動訊息寄送給客人。

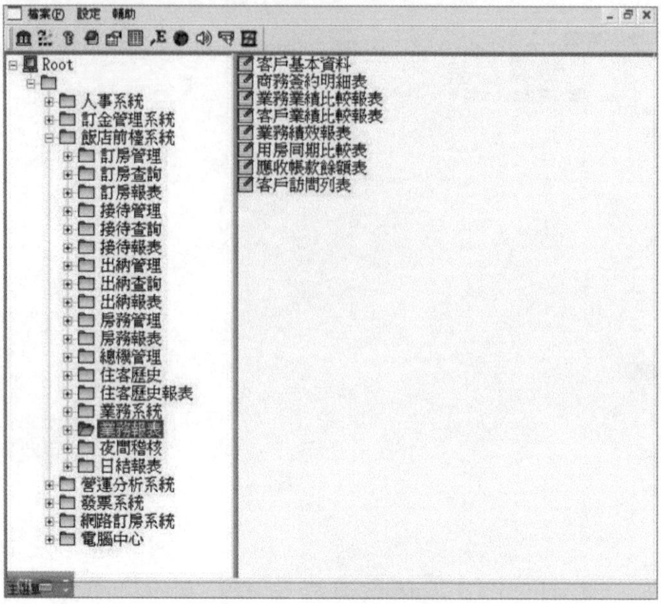

圖 8-11 業務報表

　　輸入要寄送資料的企業條件，就可以列印出符合條件的企業，如圖 8-12 所示。

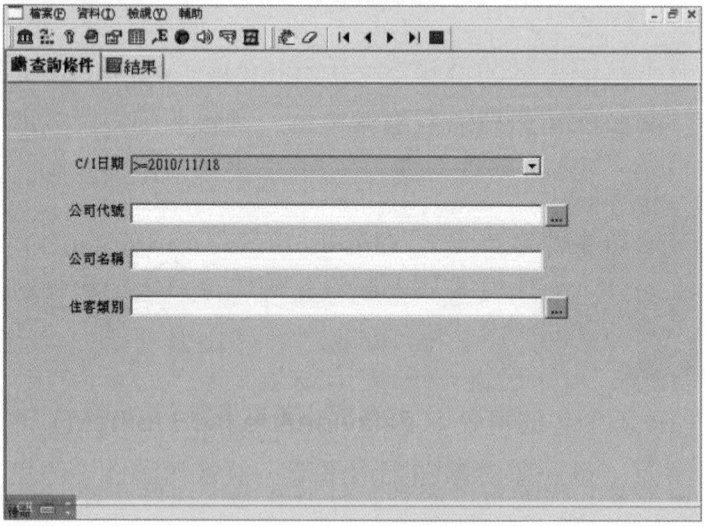

圖 8-12 企業通訊資料

此外，行銷人員也可以分析往來企業對於旅館的貢獻程度；藉由系統『訂房報表』選單中『簽約公司未來訂房彙整』功能，如圖 8-13 所示：

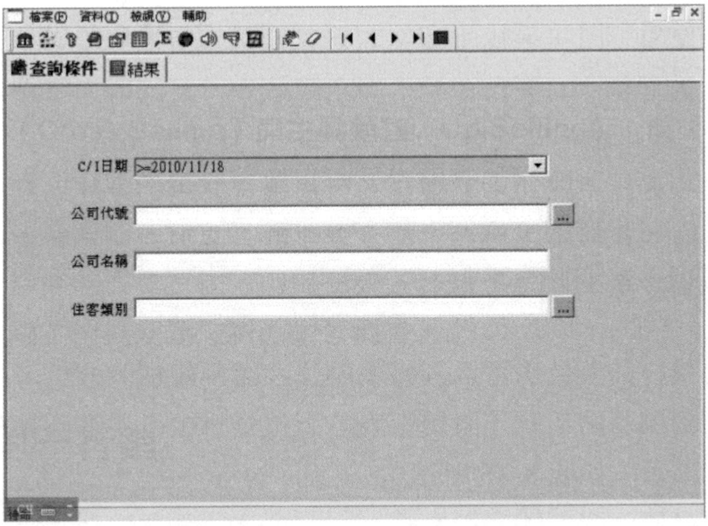

圖 8-13 簽約公司未來訂房彙整

輸入查詢期間及客戶類別後，也可以得到就可以得到交易排名結果，如圖 8-14 所示：

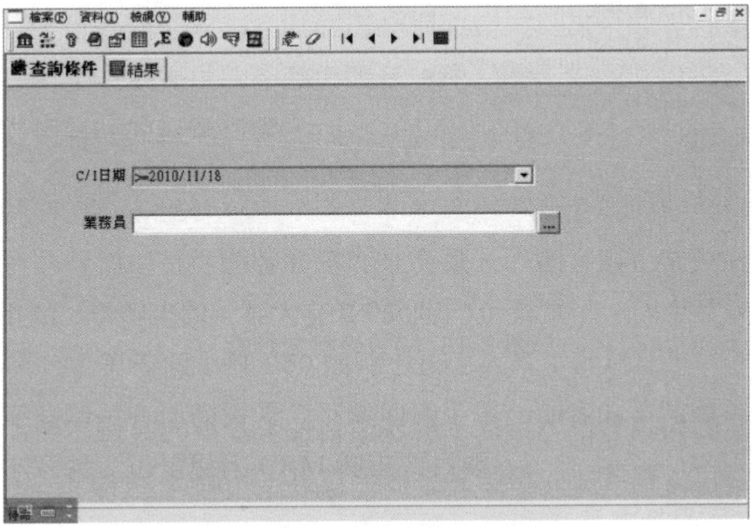

圖 8-14 業務員未來訂房報表

　　而高階管理者所需的資訊是由中階管理者彙整分析結果的決策資訊，例如由產業環境變化對觀光旅遊業行銷策略之影響，或是年度行銷績效之衡量等。資訊蒐集垂直整合提高企業績效水平整合之目的在避免各次系統資訊的重複輸入及處理，並保障不同次系統所產生的報表資訊或結果無差異，充分達到資訊共享的益處；垂直整合的優點在於提高企業績效；對於觀光旅遊業所需的資訊僅須蒐集一次，即可讓不同階層管理者使用，並且保障其結果之一致性；因此，由規劃的觀點，資訊系統的水平整合，可透過資料庫的設計以達成整合目的，而規劃作業階層的資料庫應力求完整，才能符合更高管理階層彙整資訊、分析資訊、線上查詢及產生不同功能報表等需求。

　　高階主管或行銷人員也可以分析旅館住客國及類別的分析，界已擬定不同的行銷策略；例如藉由系統『訂房報表』下拉選單中『房客國籍分析報表』功能，了解旅客來源，如圖 8-15 所示：

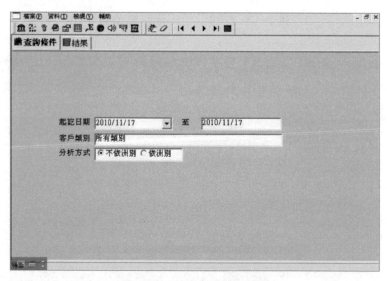

圖 8-15　國籍分析統計表

　　藉由不同的報表管理，可以了解旅館目前及長期的營運趨勢，同時行銷人員與高階主管可以根據這些趨勢調整經營方針，如圖 8-16 所示：

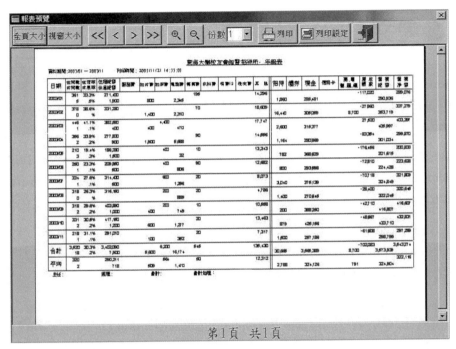

圖 8-16　年報表

　　考量時間有效預測行銷趨勢無論在水平、垂直或區域整合上，均須考量時間因素在作業上之重要性，使觀光旅遊業資訊系統在行銷決策、規劃、控制上，提供有效的預測行銷趨勢，而資訊序列之分析即須藉由歷史資訊的儲存，將資訊再處理。

　　區域性資訊整合的觀念，是透過資訊系統的結合，將不同區域的資料或系統，能夠整合性的發展。其包括辦公室自動化系統、旅館內各部門間聯繫整合及與外界聯繫之整合；亦即讓觀光旅遊業資訊系統經由網路的形態，能夠整合企業內、外部資訊，增加對競爭環境的瞭解，使企業體獲取更大的優勢。

　　網路網路的興起，使觀光旅遊業者能同時分享旅客的資訊、對資訊的取得及應用均有莫大的幫助。在供應鏈策略功能的協助下，更可增加觀光旅遊業資訊系統的附加價值；例如旅館業與相關產業間在彼此協定的資料傳送形式下，旅客向旅行社、航空公司或國際觀光旅館業訂房的資料檔案均為一致，則相關產業間即可經過網路彼此傳送旅客資料檔案，接收資訊的一方不必重新登錄旅客資料，可省下人力資源的費用，降低成本，並確保資訊的正確性。

參考文獻與延伸閱讀

Brotherton, B., Heinhuis, E., Miller, K., & Medema, M. (2003). CRITICAL SUCCESS FACTORS IN UK AND DUTCH HOTELS. *Journal of Services Research, 2*(2), 47-66,68-78.

Lu, X., Ba, S., Huang, L., & Feng, Y. (2013). Promotional Marketing or Word-of-Mouth? Evidence from Online Restaurant Reviews. *Information Systems Research, 24*(3), 596-612,877-880.

Magnini, V. P., Lee, G., & BeomCheol, K. (2011). The cascading affective consequences of exercise among hotel workers. *International Journal of Contemporary Hospitality Management, 23*(5), 624-643.

Ottenbacher, M., & Gnoth, J. (2005). How to Develop Successful Hospitality Innovation. *Cornell Hotel and Restaurant Administration Quarterly, 46*(2), 205-222.

Taegoo Terry, K., Lee, G., Paek, S., & Lee, S. (2013). Social capital, knowledge sharing and organizational performance. *International Journal of Contemporary Hospitality Management, 25*(5), 683-704.

Valentini, K., & Woods, R. H. (2011). Wanted: training competencies for the twenty-first century. *International Journal of Contemporary Hospitality Management, 23*(3), 361-376.

Wang, X. L. (2012). The impact of revenue management on hotel key account relationship development. *International Journal of Contemporary Hospitality Management, 24*(3), 358-380.

學習評量

1. ＿＿＿＿是指從事專門負責的之職務，能勝任該職務工作內涵所需具備之能力，此能力包含了知識、技能及態度。

   (A) 職能　　　　　(B) 專長　　　　　(C) 專職　　　　　(D) 技能

2. 旅館開發行銷資訊系統，應重視水平整合資訊共享避免重複輸入一般而言，資訊進入行銷資訊系統後，經由四個次系統，下列何者為是？

   (A) 尋找、統計、智慧、預算系統　　(B) 偵測、統計、自動、預算系統
   (C) 偵測、統計、智慧、預算系統　　(D) 偵測、尋找、智慧、預算系統

3. 旅館資訊系統提供業務人員進行顧客關係管理工作；在進入系統中，業務人員可以藉由＿＿＿＿＿＿＿的選單點選住客歷史來查詢旅客資料，分析旅客消費行為的功能。

   (A) 顧客歷史　　　(B) 顧客資訊　　　(C) 顧客存檔　　　(D) 顧客管理

4. ＿＿＿＿＿＿＿的優點在於提高企業績效；對於觀光旅遊業所需的資訊僅須蒐集一次，即可讓不同階層管理者使用，並且保障其結果之一致性。

   (A) 水平整合　　　(B) 垂直整合　　　(C) 三角整合　　　(D) 多重整合

5. 對旅館業而言，營運績效大多掌握在＿＿＿＿＿＿手中，因為他們會與旅遊業者或合約廠商簽約，保證旅館在未來擁有的住房需求。

   (A) 人資　　　　　(B) 櫃檯　　　　　(C) 財務　　　　　(D) 業務

6. 在系統功能上，業務主管可以透過＿＿＿＿＿來對業務人員作業務指派作業。

   (A) 帳務系統　　　(B) 訂房系統　　　(C) 業務系統　　　(D) 統計系統

7. 業務人員可以透過＿＿＿＿＿＿＿了解管理往來客戶。

   (A) 訂房管理　　　(B) 合約管理　　　(C) 出納管理　　　(D) 接待管理

8. 下列哪一個系統是提供企業內與產業環境中正在發生中的資訊，作為管理者決策形成的參考？

   (A) 偵測系統　　　(B) 訂房系統　　　(C) 智慧系統　　　(D) 統計系統

9. 下列哪一個系統是結合統計及決策模式,利用電腦科技修助決策者或其他使用者,將環境資訊予以計量統計,以進行決策分析?

(A) 偵測系統　　　(B) 訂房系統　　　(C) 智慧系統　　　(D) 統計系統

10. 業務人員可以透過合約管理系統了解:

(A) 合約價格　　　　　　　　(B) 住客歷史清單
(C) 旅客消費資料　　　　　　(D) 客戶住址清單

11. 業務主管也可以透過業績比較報表了解:

(A) 年度收入金額　　　　　　(B) 住客歷史住址清單
(C) 客戶基本資料　　　　　　(D) 客戶住址清單

12. 中階管理者所需的資訊具有彙整性,以下何者為真?

(A) 旅客抵達名單　　　　　　(B) 住客歷史住址清單
(C) 住房比較分析　　　　　　(D) 客戶住址清單

旅館網路行銷

　　然而，資訊科技的發展與 Internet 的出現，使得製造商與零售商之間的溝通成本降低，甚至不需要下游廠商（或中間廠商）的協助，旅館業者可以透過 Internet 與顧客進行直接的接觸，隨時掌握市場情報與動態（Basak Denizci & Law, 2010; Dube, Jordan Le, & Sears, 2003; J. Murphy, Olaru, Schegg, & Frey, 2003; O'Connor, 2007; Ramanathan & Ramanathan, 2013; Swati Dabas & Kamal Manaktola, 2007; Yeoman, 2013）。因此，Internet 不僅改變了供應鏈上下游的關係結構，更使得傳統的行銷手法產生了本質上的改變。過去，由於資訊蒐集不易，大量的庫存引發大眾行銷的模式，每個顧客基本上都被一視同仁；現在，企業透過 Internet 面對每一個顧客，不同的顧客具有不同的特性、想法與喜好，顧客關係管理變的非常重要，並因此產生了網路行銷（Internet Marketing）和一對一行銷（One-to-One Marketing）的概念。

　　相較於傳統媒體（電視、廣播、報紙、雜誌），Internet 代表了一種全然不同的商業運作與行銷環境。無論是廣告、定價、口碑的影響、配銷管道、產品研發等，幾乎顛覆了企業過去做生意的方式。基本上，Internet 帶來以下的改變：

■ Internet 提供一個低成本的虛擬多媒體環境，使得企業可以提供各式各樣的產品、服務、資訊給顧客。舉例來說，透過 Internet，旅館業者可以提供顧客線上瀏覽觀光景點的相關資訊（包含照片、影片及文字說明），並同時提供訂票、訂房、租車等服務。

■ Internet 使得顧客在進行購買行為之前，可以蒐集更多更完整的消費資訊（較低的資訊搜尋成本），藉此比較不同產品與服務之間的差異。舉例來說，當顧客想要訂購維也納的旅館時，可以在 Tripadvisor 旅遊網站 <http://www.tripadvisor.com.tw/> 進行搜尋與比較，以便進行最佳的購買決策。

■ 有別於傳統媒體中，顧客總是扮演被動的資訊接收者，Internet 提供高度的互動機制，讓顧客在企業行銷的過程中，扮演主動性的角色。以 booking.com 為例，顧客可以自行選擇瀏覽有興趣的不同旅館的房間等，在購買的過程中享有較大的自主權。

■ 除了企業與顧客的互動外，企業之間更可以透過 Internet 進行即時的資訊交換、合作或整合（包含垂直整合或水平整合）。

■ 企業可以完全倚賴 Internet 全年無休的來做生意，甚至不需要傳統的店舖與通路，亞馬遜書店（www.amazon.com）就是一個成功的例子。

■ 運用資訊技術，企業可以更精確的掌握顧客的習性。舉例來說，資料庫，企業可以紀錄每一位顧客在線上網站的消費紀錄與瀏覽行為，包含點選過哪些產品、在每個網頁停留的時間、瀏覽網頁的順序等，以便進行後續的顧客資料分析。

9-1 傳統行銷與網路行銷的比較

McCarthy 認為，行銷乃是透過選定目標市場、分析市場需求，並發展行銷策略組合（Marketing Mix）以滿足目標市場需求的一種管理程序。其中，行銷策略組合包含所謂的 4P，亦即產品（Product）、價格（Price）、推廣（Promotion）、通路（Place），乃是行銷人員用來達成其行銷目標的策略性工具，以下分別介紹：

傳統行銷大多屬於單向且間接的溝通方式，企業不僅無法即時且正確掌握顧客的反應，顧客更只能透過大眾媒體來被動的接收廣告訊息；而網路行銷則是一種高度互動且直接的溝通模式，企業可以透過 Internet 來傳遞公司或產品的訊息給顧客，而顧客更可以透過 Internet 直接將反應回饋給企業知道，以提

供即時決策所需的資訊（Basak Denizci & Law, 2010; Dube et al., 2003; Gazzoli, Kim, & Palakurthi, 2008; Ghose, Ipeirotis, & Li, 2012; H. C. Murphy & Kielgast, 2008; J. Murphy et al., 2003; Nayar & Beldona, 2010; Yelkur & Maria Manuela Neveda, 2001）。如圖 9-1 所示，傳統行銷與網路行銷的最大差異在於企業與顧客之間的互動性，藉由訊息的即時交換，可以節省雙方的交易成本與搜尋成本。此外，透過資訊科技的協助，企業更可以分析個別顧客的特性、消費行為與趨勢，以便發展出具獨特性的行銷策略，甚至達到一對一行銷的目標。

　　根據 eMarketer 在 2007 年說明美國的線上旅遊市場於 2006 年 790 億美元，預計到 2010 年可達 1460 億美元，中國的線上旅遊市場在 2006 年約價值 15 億美元，預計到了 2011 年會增加到 154 億美元，而印度在線上旅遊市場將以年平均成長率 46% 的速度在 2011 年達到 40 億美元。並且旅遊市場的消費增加直接影響到飯店訂房數據的增加，根據 HotelClub.com 過去 12 個月的線上訂房數目獲得 40% 增長，有 49.5% 的消費者指出透過酒店或航空公司的網站預訂機票的佔 30.6% 或線上旅遊代理商預訂客房佔 18.9%。

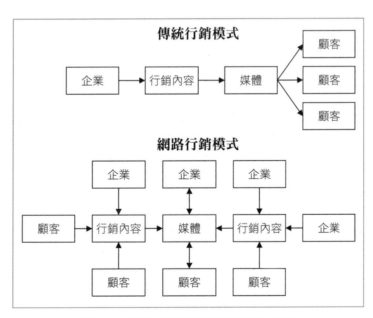

圖 9-1　傳統行銷與網路行銷的差異

　　接下來，我們從 4P 的角度，利用下表來比較傳統行銷與網路行銷的差異（顧景昇、陳純德、楊書成，2007）：

表 9-1 傳統行銷及網路行銷之差異

項目	傳統行銷	網路行銷
產品（Product）		
商品特性	著重於實體商品的販售，強調產品實際的外觀屬性。	除了實體商品之外，較不強調外觀的資訊性商品更適合透過 Internet 來進行販售，例如旅館商品的訂購、旅遊商品票卷等，可以透過 Internet 立即取得。
搜尋商品的成本	消費者必須費時費力的到訪多家商店，以便比較產品之間的差異，搜尋成本高。	消費者只要透過搜尋引擎，就能夠輕鬆的獲得所需旅館商品的販售資訊，以及各類旅遊網站銷售旅館商品的嫁個差異，搜尋成本極低。
販售商品的時間	大多數旅館接受訂房的服務時間為早上 8:00 到晚上 10:00 左右，接受訂房的時間越長，人力成本就越高。	基本上，只要能夠連上網路，消費者就可以隨時在 Internet 上購買商品。
商品的取得	基本上由消費者透過訂房人員向旅館服務人員訂房，而且必須等候商品的確認。	除了可以透過 Internet 傳輸，可以立即列印確認所訂購的旅館商品。
商品資訊的取得	商品資訊的主控權在企業本身，消費者通常只能被動的接收。	旅客對於商品資訊的存取，擁有較大的主控權，甚至可以透過網路討論區或留言版，主動提供商品的相關資訊和意見，以供其他消費者參考。此外，Internet 上也存在一些第三方網站（third party web site），提供許多完整的消費資訊，TripAdvisor 背包客棧等。
價格（Price）		
定價策略	通常採傳統性的定價策略，根據商品的需求、成本與競爭環境來決定商品的價格。一般包含市場滲透策略（market penetration strategy）和利基定價策略（niche pricing strategy）： (1) 市場滲透策略乃是將商品以低價引進市場，希望快速獲得高度的市場佔有率。 (2) 利基定價策略則是針對特定的消費族群，以較高的定價提供商品，通常這些利基族群對商品的需求彈性不高，因此企業能夠維持一定的獲利水準。	除了傳統性的定價策略之外，旅館可以及時的透過產值管理機制，提供旅客不同的客房價格。

項目	傳統行銷	網路行銷
收費方式	通常以現金和信用卡方式收費。	除了信用卡之外，亦可透過提款機轉帳。此外，也可以透過第三方付費機制，例如 Paypal 付款方式。
通路（Place）		
商品販售管道	僅能透過實體的店面來販售商品，因此製造商通常必須倚賴通路商的銷售網路，形成「通路主導市場秩序」的權力結構。	WWW 本身就是通路，製造商可以自行架設網站（web site）全年無休地販售商品，對通路商的依賴程度降到最低。
商品展售方式	透過實體商品的展示，以及與銷售人員互動的方式，消費者可以親身體驗與了解商品的外觀、功能、口味等。	可以藉由多媒體的表現方式來呈現商品的外觀與相關資訊，對於旅館這類屬於經驗型商品來說，旅館房間可線上參觀是消費者決定網路訂房的重要因素之一。
推廣（Promotion）		
廣告模式	透過大眾傳播媒體來傳遞產品的訊息，乃是一種一對多的溝通模式，成本相當昂貴，通常以秒為單位計費。消費者處於被動接收資訊的狀態，而企業通常也無法立即得知消費者的反應。一般的大眾媒體包含電視、廣播、報章雜誌、廣告 DM 等。	基本上，在網路上打廣告是比較便宜的，而且可以提高企業與消費者的互動性程度，以便立即得知消費者的反應。甚至可以透過會員管理，依據消費者的特性與需求，提供不同的廣告訊息。通常有以下的廣告方式： (1) 在瀏覽人次高的知名網站刊登廣告，讓有興趣的消費者可以連結至企業的網站，以獲得相關資訊。 (2) 在入口網站（雅虎奇摩、番薯藤、PCHome 等）的分類網站資料中登錄，以便讓企業的網址出現在搜尋引擎的查詢結果中。 (3) 透過電子郵件（email），大量的散發廣告訊息。企業通常可以透過會員管理，以便針對消費者的需求或特性，寄發適當的廣告資訊。 (4) 線上舉辦有趣的活，動可以隨時吸引消費者的注意力，如現有獎問答、線上遊戲、抽獎等。

　　整體而言，不同於傳統行銷模式，Internet 提供行銷人員一個低成本、有創意、沒有時間空間限制、快速、高度互動的全新行銷管道，甚至可以讓小企業以小搏大，創造出更大的獲利空間。

9-2 旅館網站的規劃

　　旅館網路行銷係透過互動技術完成交易行為的一種銷售方式，而利用網際網路所建構網際網路則是最為普遍應用的工具（Muñoz-Leiva, Hernández-Méndez, & Sánchez-Fernández, 2012; Wang, 2012; Xu & Chan, 2010; Zhang, Ye, & Law, 2011）。藉由全球資訊網所建構出來的虛擬環境，可以將文字、文件表格、影像及聲音透過網路有效率的傳播給消費者，使消費者能夠即時化接觸，達到行銷的目的。在網際網路所建構出來的虛擬互動環境中，旅客可以依照自己的需求或意願取得相關資訊；由於網際網路不必受到時間、地點或空間限制，具有高度的彈性與便利，行銷範圍因而較傳統的行銷方式更為廣泛。

　　基本上，旅館產品屬於一種體驗後的旅遊商品，比起多數的有形商品而言，更適合在網際網路上進行銷售，只要商家能夠提供足夠多且適當的資訊，顧客就會願意在線上付費來取得商品和服務。Booking.com 成立以來，結合許多旅館業者提供旅館商品與服務之外，運用大量的文字與圖片，吸引消費者願意瀏覽它們的網站；此外透過比較價格與級可以取消預定的優勢機制，吸引消費者願意預定的意願，同時發揮降低旅遊商品不可儲存的特性。

　　旅館網站規劃規劃出三個網站服務與網頁設計項目，可以由網站系統構成之指標包括（Dzingai Kennedy, 2013; Inversini & Masiero, 2014; Lwin & Phau, 2013; Muñoz-Leiva et al., 2012; Musante, Bojanic, & Zhang, 2009; Saran Preet Kaur & Khanna, 2009; Wang, 2012; Williams & Rattray, 2005; Williams, Rattray, & Grimes, 2007）：(1) 消費者互動介面：說明網站容易連結與取得特定資訊，網頁格式標準化，提供使用者協助與一致性介面。(2) 商品資訊：說明網站資訊具備簡易化與應用目前可信且廣泛的範圍，能連結飯店相關的網站。(3) 即時訂房系統：具備提供網際網路信用卡訂房與付款等系統特點。旅館業者除了可以將公司簡介、產品資訊、服務資訊、商品型錄、交易處理方式、訂購文件表單等提供給消費者參考外，也可以針對特定個人需求設計銷售交易資訊或過程（可以參考 http://www.starwoodhotels.com/preferredguest/index.html 線上訂房的過程），以滿足不同消費需求。隨著旅館型態或需求不同，在旅館官方網站上的設計雖然互異，整體而言，可分為旅館概況介紹、客房及餐飲產品說明、服務

設備資訊、服務說明（例如 SPA）、氣候及地圖、促銷商品資訊、會員服務等項目。表 9-2 說明了旅館網站呈現內容。

表 9-2　旅館網站內容

區分	功能説明
基本資料	旅館簡述、旅館特色介紹、電話及地址、地理位置圖
消費資訊	房間形式、房間價格、餐飲資訊、設施資訊
電子商務	線上訂房機制、虛擬實境導覽、活動快訊、意見反映
語言版本	英文版網站、日文版網站

　　研究發現，台灣著名飯店網站在功能面上著重項目如下：(1) 即時預訂時所需之客房與餐飲等價格資訊。(2) 線上交易過程中消費吃訊之保障。(3) 飯店服務設施介紹、房間型態。(4) 套裝促銷資訊。(5) 會員專屬服務與會員權益。(6) 旅館設施與交通訊息。比起傳統的實體通路，網際網路具有低成本、無時間地域限制、高度互動性、多媒體影音等優勢，可以快速的接觸到廣大的消費群，藉此提供不同的服務模式，提高獲利的機會（Basak Denizci & Law, 2010; Musante et al., 2009; Su & Sun, 2007）。然而，並非所有的企業都有能力可以自行架設網站，進行網路銷售與服務。此外，由於網際網路興起，資訊傳遞快速，給了旅客一個不受時間和空間限制，分享經驗及觀看他人評價的管道，也造成消費行為模式的改變。另外，旅館業者也受到網路評價的影響，正面的網路評價對於旅館的營收有正面作用。

　　Internet 給予消費者極大購物及交易彈性，然而隨著消費者旅遊安排複雜度的增加，例如旅遊行程包括了食宿交通，甚至是旅遊景點的訂票，如果不同的活動都要靠消費者自己進入不同網站並完成訂購的話，這也未免太過於零散與勞累。因此，如果能有個網站，它就跟大型購物賣場一樣，消費者來到這裡，可以單點（如：訂房、租車、訂票），同時也可買到套餐（國內外套裝旅遊行程），甚至是自訂行程也可以的「一次購足（one-stop shopping）」服務，這樣一來便可省下消費者寶貴的選購時間。

　　基本上，網路行銷技巧乃是 B2C 電子商務成功的必要條件之一，而良好的網路行銷技巧通常包含「了解顧客」與「適當的行銷策略規劃」，以協助企業在行銷的管道上獲得更多的競爭優勢。一個旅館的業務人員，應該先了解該旅

館的旅客來源與訂房習慣，包括是透過秘書、當地合約公司或是旅行同業訂房的比例等；基本上，了解這些特性之後，旅館網路行銷人員才能夠順利預測目標顧客的行為模式，並透過擬定正確的行銷策略，真正命中顧客的需求。在未來，旅館網站的規劃需朝向使顧客更容易由圖像化方式去了解飯店的設施與服務，同時透過即時通訊軟體的使用，可使得顧客與飯店人員即時了解目前最新的服務需求，提供旅客即時的服務。

9-3 顧客關係管理的興起

顧客關係管理（customer relationship management; CRM）最早興起於美國，在 1980 年代就有所謂的「接觸管理」（contact management），專門收集顧客與公司往來的相關資訊；到了 1990 年代則發展成為包括電話服務中心提供資料分析的「顧客服務」（customer care）。近年來由於全球化的經濟體系，使得企業必須從現有的顧客關係中尋找能夠產生附加價值與超額利潤的機會，來提昇營運績效並吸引新的顧客。在企業進入電子化的時代，CRM 有了更大的發展空間，企業開始運用資訊科技整合策略、行銷與顧客服務三者，利用客製化（customization）的手法，提高顧客忠誠度與擴展新客源。

成功的顧客關係管理（Customer Relationship Management, CRM）牽涉到系統導入成功、流程整合，以及相關的工作人員的連結；面對市場競爭環境的變化，顧客關係管理已成為面對競爭時，重要的策略之一；CRM 可以視為：『企業整合各種與顧客互動的媒介和管道，並利用資訊科技對顧客資料進行分析，以瞭解顧客的需求，並利用這些分析結果，提供真正能夠解決問題與需求的產品及服務，以創造顧客與企業雙方最大價值的方法』。透過良好顧客關係的建立，企業能夠與顧客達成更長久的互動默契，為企業提供最佳的獲利來源。簡而言之，CRM 就是針對適當的顧客，透過適當的行銷管道，在最好的時機與地點，以最適當的價格推銷予其所需要的產品。

國際觀光旅館業是一個服務導向的行業，其運用資訊系統，提供對於旅客住宿過程中必要的服務作業與管理支援，系統儲存旅客所有的住宿及交易資料，包括旅客住宿的住宿日期、房間型態、住宿需求、及消費紀錄等；而管理者也利用顧客歷史資料（guest history data）提供旅客下一次住宿時個人化的服

務、分析市場變化及開發市場等。CRM 就是從顧客資料中，發掘與建立相關的顧客知識，並透過良好的行銷計劃，滿足顧客的需要，並不斷地反覆修正，以期能與顧客建立起長期顧客關係的反覆循環過程，包含以下四大循環（如圖 6-7 所示）：

1. **知識挖掘（Knowledge Discovery）**：分析顧客資訊，辨識出對企業具有正面價值的顧客，對其投入較高的資源與服務；同時為企業營運帶來損失的顧客，也要盡量避免與其往來。另外，將不同需求與背景的顧客區隔開來，並根據顧客的反應與銷售狀況，訂定出最佳的行銷決策。

2. **市場行銷規劃（Market Planning）**：根據詳細的顧客資料，擬定與顧客有效的溝通模式及促銷活動，並找出有效的行銷管道與吸引顧客上門的原因，協助行銷人員定義行銷計劃與活動。

3. **顧客互動（Customer Interaction）**：執行行銷計劃與活動，並透過各種顧客互動管道或是業務應用之軟體，與顧客保持互動，令其有受到重視的感覺。

4. **分析與修正（Analysis and Refinement）**：根據與顧客互動所得到的新資訊，加以分析及持續瞭解顧客的需求，並以分析結果作為基礎不斷的修正行銷策略，以期改善長期顧客關係，並尋求新的商機。

9-3-1　資料倉儲與資料探勘

　　由於資訊科技的發展與進步，使得以滿足顧客個人需求為中心的 CRM，變的不再那麼遙不可及。利用電腦與資料庫來儲存與管理這些重要的顧客資料，並利用分析工具轉化為有效的顧客資訊並不困難，企業可以利用這些技術來確認及辨識顧客，針對顧客的個人化需求，提供特殊與個人化的服務，提昇顧客忠誠度，以建立企業與顧客之間的長期關係。

　　儲存詳細顧客交易紀錄的資料倉儲（Data Warehouse）便是建立 CRM 機制的重要基礎，它收集並集中管理來自各種顧客互動管道的顧客資料，包含銷售點系統（POS）、自動提款機（ATM）、網際網路、顧客服務中心等詳細資料與交易紀錄，並透過資料探勘（Data Mining）等分析技術，在所有的顧客群

體中辨識出個別顧客的價值與提昇顧客關係的機會，在有限的資源運用下，提供最佳的服務，並針對個別顧客的需求與消費趨勢，設計特別的行銷組合與策略。

基本上，資料探勘（Data Mining）技術就是從大量的資料倉儲中找出相關的模式（Relevant Patterns），並自動地萃取出可預測的資訊，如同統計學中的迴歸分析及資料庫管理系統的資料查詢功能延伸。其主要目的就是要建立預測模型（Prediction Models），也就是從資料中找出相對應的各項關聯，以提供企業行銷活動的重要參考依據。舉例來說，銀行大多會一視同仁地寄發相同的購物型錄給所有顧客，然而從顧客的信用卡交易紀錄分析可發現，有些顧客經常利用信用卡購買機票和相關的旅遊行程與商品，那麼銀行就可以特別提供這些顧客有關休閒及旅遊的相關資訊，真正達到客製化的精神。企業可以將資料探勘技術應用在以下六個方向上，以便落實 CRM 的基本架構：

1. **獲取新顧客（Customer Acquisition）**：利用現有顧客的屬性與反應，從非顧客群體中，預測並挑選未來有可能會對企業的產品有興趣的潛在顧客，並設法引起他們的注意。

2. **維繫顧客（Customer Retention）**：當分析的結果顯示企業的基本顧客已經慢慢的流失到對手陣營時，企業就應該採取挽留的措施，提供相當的誘因使得他們願意繼續留下來。

3. **放棄顧客（Customer Abandonment）**：當企業發現投注於某些顧客上的費用已經遠超過所獲得的利潤，就應該考慮是否停止為這些顧客付出的努力與成本。

4. **購物籃分析（Market Basket Analysis）**：分析顧客所購買的產品組合將會對企業產生多少的經濟效益，即是所謂的購物籃分析，或稱為聯合性分析（Association Analysis）。舉例來說，當我們研究超級市場內的消費行為時，會發現否些物品經常是同時被購買的，譬如可樂及洋芋片、牛奶及麵包等。簡單來說，聯合性分析就是用來探討同一筆交易中兩種產品一起被購買的可能性，企業可以藉此瞭解產品應該如何擺設？該促銷哪些產品？以及該做什麼促銷手法？

5. **需求預測（Demand Forecasting）與目標行銷（Target Marketing）**：我們可以利用顧客的特性去預測其需求，從而找出對我們所提供的產品最具有消費傾向的顧客，除了可以加強對主要顧客的促銷動作外，還可以節省掉不必要的浪費，如行銷費用與存貨過剩或不足等。

6. **交叉銷售（Cross Selling）與主動銷售（Up Selling）**：根據顧客的需求，除了主要的消費產品之外，還可以提供額外的附加性服務與產品（如航空公司與旅館業者的合作），滿足顧客「一次購足的需求」。此外，還可以依據不同族群的消費特性，向潛在顧客介紹適合的產品（如 Amazon 的圖書採購建議），以期建立新的銷售機會。

9-3-2　一對一行銷

行銷觀念的演進經歷三個主要階段，從大眾行銷（Mass Marketing）到區隔行銷（Segment Marketing），以至於完全掌握顧客需求的一對一行銷（One to One Marketing）。相對於以往企業總是將一大群顧客當作行銷的主體對象的巨行銷（Macro Marketing）時代，一對一行銷的微行銷（Micro Marketing）概念就是欣賞與尊重每個顧客的獨特性，掌握其核心價值，在企業核心能力的策略方向與限制下，發展出具有利益點的產品與服務，以滿足顧客特定的需求。最後設法使顧客對企業所提供的產品與服務，產生強烈的認同與忠誠，進而能源源不斷地提供相對應的經營利潤。

傳統行銷總是以市場佔有率及產品的角度來衡量企業或業務單位的成功與否，然而一對一行銷則是從顧客的角度來衡量，「顧客跟企業買過多少不同的產品」才是重點。舉例來說，某人在 25 歲時向企業買了一個產品成為顧客；28 歲結婚；30 歲有了第一個小孩；50 歲時小孩念大學；直到身後，企業必須能夠了解顧客在每個階段有什麼需要？不斷地滿足單一顧客的不同需求，就是一對一行銷的基本意義，正是現代 CRM 的主要目標。

一對一行銷主要透過四項基本步驟：定義顧客（Identify）、區分顧客（Differentiate）、與顧客互動（Interact）及提供個人化服務（Customize），提供顧客所需要的產品，並建立長期的交易關係。然而，「一對一行銷」是一個舊理論，在行銷學術界已被討論多年，但在網際網路出現之前，因為技術及

成本的考量而無法真正被落實。利用資料倉儲結合前端所有與顧客互動的管道，能夠有效的集中、分類及管理所有的顧客交易紀錄，並透過資料探勘及其他統計分析模式，可以自動地依據利潤貢獻程度將顧客區分為主要顧客及次要顧客，提供不同程度的產品服務，建立各種不同的顧客接觸方式，如網際網路、電腦電話整合式客服中心（CTI Call Center）等，將企業與顧客的互動轉變成為關係，建立 CRM 機制的基礎，並透過個別顧客的分析資料與不斷地修正，瞭解顧客的過去、現在與未來，針對顧客不同時間、不同地點的特定需求，提供客製化的商品，將短期的交易關係轉變成長期的信任關係，達成一對一行銷的理想狀態。

9-3-3　CRM 與企業競爭優勢

以傳統的供應鏈模式來看（如圖 9-2），企業從產品的設計開發，經過製造生產的過程，最後再透過配銷商及零售商將產品送到最終消費者的手中，這整個過程通常必須花費數個月到數年的時間。產品到了顧客端，若顧客反應不佳，總會在市場經過一段時間之後，訊息才會反應回負責製造設計的業者端，在這段期間當中，早不知道有多少不是顧客所想要的產品被生產出來、配送出去了，無形中已經浪費了企業很多不必要的成本與費用。換個角度來看，如果企業能夠在事前便蒐集、分析顧客的資料，瞭解每一個顧客的需求及喜好，不但能避免不必要的成本與費用的浪費，還能夠因為清楚掌握顧客的需求，而深深地抓住他們對企業產品及品牌的忠誠度。

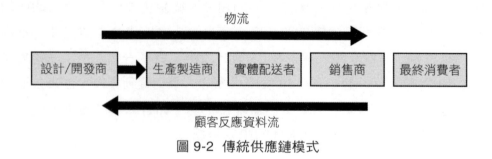

圖 9-2　傳統供應鏈模式

技術上，顧客關係管理可以利用軟體相關科技的支援，針對銷售、行銷、顧客服務與支援等範疇，自動化與改善企業流程。在以個別顧客或消費者為基礎，藉由資訊科技與資料庫提供個人化的產品與服務，並進而建立與顧客的結合，從中塑造顧客忠誠度與獲取顧客終身價值。實務界一般將 CRM 範疇定義

為三大塊，對應企業和顧客互動運作中的 (1) 前端溝通：目的在提高和顧客接觸、互動的有效性。因此，像 CTI（電腦話務整合）、網路下單，以及顧客自助服務等，均是前端溝通的重點。(2) 核心運作：旨在提高企業內部運作及顧客管理的有效性。和 (3) 後端分析：在針對顧客交易、活動等資料加以分析，以期更進一步了解顧客的消費習性、購買行為、偏好、趨勢等，藉此有效回饋前端溝通及核心運作之修正與改善。因此，包括 OLAP(線上分析工具)、EIS（經營資訊系統）、以及 Data Mining（資料探勘）等，均是後端分析的重點。

CRM 機制能夠協助企業建立與顧客之間長期的互利關係，提昇顧客的忠誠度及企業的獲利能力，然而對顧客關係管理的研究中，我們必須思考幾個旅館業顧客關係管理的問題：第一：誰是旅館的顧客？顧客雖然有潛在、既有顧客等區別，在分析顧客關係管理的研究上，是不是真正分析了既有的顧客？對旅館業顧客關係而言，我們就必須思考這些既有顧客，是否曾有消費記錄？一些旅館業試圖建立旅館的會員制度，這似乎對旅館業的旅客開發是有助益的，但是深入地分析旅館內部客房與餐飲營收的來源會發現：旅館住房的旅客有許多是外籍旅客或是旅館的簽約客人（商務需求），這些旅客的訂房模式是因透過本地公司因為業務所需而選擇旅館的，換句話說，由網站上登入的會員並不等同於真正的客人，會員也許是對旅館好奇、在瀏覽網頁時被動式地先加入會員，或是想獲得旅館的資訊，旅館業真正該面對的是，思考分析旅客的資料來源，這會影響到是否找到真正的客人。

在顧客關係管理的活動的本質上，旅館業要維持優勢，必須專心顧客的維護與發展，降低顧客的轉換；因此，在服務的流程的思考、對顧客的了解及個人化的服務將相對地重要。致力於運用資訊科技於，並依此能力，在複雜的行銷環境中，創造競爭的優勢，而遠超過競爭者。顧客關係管理可以分為作業行與分析行顧客關係管理系統，旅館應該善用分析型的顧客關係管理系，將旅館資訊系統朝向擴充決策支援與顧客分析功能，分析客人的觀念上，積極地去發掘貢獻度高的客人，並找出關聯性的產品，以差異化的行銷方式創造利潤。對旅館業者而言，旅館本身產品的屬性差異化程度低，旅館在顧客關係上是期待繼續以保留客人的角度思考，方法上是以提供精緻個人化的服務而獲得旅客的忠誠，當然也有旅館以經濟因素（如住宿日數累積）而提供差異的服務內容；

在此觀念下，旅館業者面對旅客提供的顧客關係管理活動就必須積極地面對每一位旅客的行為深入分析與了解，而提供個人化的服務內容。

對旅館業而言，旅客選擇旅館的動機包括旅遊地點的選擇、當地旅館的比較（包括價格、位置、清潔程度及服務等）；許多旅客沒有再購（即沒有再度住宿）是因為沒有到此目的地；另一方面，對再度選擇相同旅館的旅客而言，服務就成為相當重要的考慮因素。互動上，顧客關係管理應該注重對顧客的回應；近年來對於網路的口碑影響，旅館應該注重旅客在旅遊網站上旅遊經驗分享的，讓正向口碑成為旅客的再購意願與行為；也就是說，如果旅館業者掌握更多顧客的資訊，將能提供更細緻的顧客分析及服務提供；同樣地，如果旅客察覺旅館關懷旅客的程度愈高時，旅客會期待告知旅館業者的期望就會愈高，顧客的回應著重定於旅客是否願意分享自己更多的需求給旅館業者。

網際網路是一種新興的媒體，正由於具有低成本、無時間空間限制、高互動性、多媒體等特性，可以為傳統的行銷手法注入新的概念，帶來新的「做生意」方式。因此，企業在進入網路世界時，也應該徹底思考，網際網路對商業流程所帶來的意義，而不是僅僅將原本的商業模式直接複製到網際網路上。以旅遊產業為例，網際網路不僅僅是可以提供線上訂票或銷售旅遊商品的意義而已，更是可以實現真正的一對一行銷，提供每個消費者客製化的旅遊行程。本章詳細的介紹網路行銷的概念，並和傳統的行銷手法比較，讀者應當可以清楚的比較，並了解如何透過網際網路來提供各種可能的新服務。此外，本章並提出一些重要的行銷策略議題，包含實體與虛擬的結合、病毒式行銷及信任。最後，顧客關係管理乃是企業了解顧客的重要手段，本章也做了詳細的說明，包含資料探勘與一對一行銷的概念。希望本章的探討，可以讓使用者充分了解網路行銷的精神，並進一步激發出更有創意的思考方向。

參考文獻與延伸閱讀

顧景昇，陳純德、楊書成 (2007)，旅遊電子商務，華泰文化。台北。

Basak Denizci, G., & Law, R. (2010). Analyzing hotel star ratings on third-party distribution websites. *International Journal of Contemporary Hospitality Management, 22*(6), 797-813.

Dube, L., Jordan Le, B., & Sears, D. (2003). From Customer Value to Engineering Pleasurable Experiences in Real Life and Online. *Cornell Hotel and Restaurant Administration Quarterly, 44*(5/6), 124-130.

Dzingai Kennedy, N. (2013). CSR reporting among Zimbabwe's hotel groups: a content analysis. *International Journal of Contemporary Hospitality Management, 25*(4), 595-613.

Gazzoli, G., Kim, W. G., & Palakurthi, R. (2008). Online distribution strategies and competition: are the global hotel companies getting it right? *International Journal of Contemporary Hospitality Management, 20*(4), 375-387.

Ghose, A., Ipeirotis, P. G., & Li, B. (2012). Designing Ranking Systems for Hotels on Travel Search Engines by Mining User-Generated and Crowdsourced Content. *Marketing Science, 31*(3), 493-520,544-546.

Inversini, A., & Masiero, L. (2014). Selling rooms online: the use of social media and online travel agents. *International Journal of Contemporary Hospitality Management, 26*(2), 272-292. .

10.1080/19368623.2010.508007

Lwin, M., & Phau, I. (2013). Effective advertising appeals for websites of small boutique hotels. *Journal of Research in Interactive Marketing, 7*(1), 18-32.

Muñoz-Leiva, F., Hernández-Méndez, J., & Sánchez-Fernández, J. (2012). Generalising user behaviour in online travel sites through the Travel 2.0 website acceptance model. *Online Information Review, 36*(6), 879-902.

Murphy, H. C., & Kielgast, C. D. (2008). Do small and medium-sized hotels exploit search engine marketing? *International Journal of Contemporary Hospitality Management, 20*(1), 90-97.

Murphy, J., Olaru, D., Schegg, R., & Frey, S. (2003). The bandwagon effect: Swiss hotels' Web-site and e-mail management. *Cornell Hotel and Restaurant Administration Quarterly, 44*(1), 71-87.

Musante, M. D., Bojanic, D. C., & Zhang, J. (2009). An evaluation of hotel website attribute utilization and effectiveness by hotel class. *Journal of Vacation Marketing, 15*(3), 203-215.

Nayar, A., & Beldona, S. (2010). Interoperability and Open Travel Alliance standards: strategic perspectives. *International Journal of Contemporary Hospitality Management, 22*(7), 1010-1032.

O'Connor, P. (2007). Online Consumer Privacy: An Analysis of Hotel Company Behavior. *Cornell Hotel and Restaurant Administration Quarterly, 48*(2), 183-200.

Ramanathan, U., & Ramanathan, R. (2013). Investigating the impact of resource capabilities on customer loyalty: a structural equation approach for the UK hotels using online ratings. *The Journal of Services Marketing, 27*(5), 404-415.

Saran Preet Kaur, B., & Khanna, S. (2009). Destination based Web Marketing: an Analysis by Service providers. *International Journal of Hospitality and Tourism Systems, 2*(1), 187-202.

Su, C.-S., & Sun, L.-H. (2007). Taiwan's Hotel Rating System: A Service Quality Perspective. *Cornell Hotel and Restaurant Administration Quarterly, 48*(4), 392-401,358.

Swati Dabas, H. P. I., & Kamal Manaktola, H. P. I. (2007). Managing reservations through online distribution channels. *International Journal of Contemporary Hospitality Management, 19*(5), 388-396.

Wang, X. L. (2012). The impact of revenue management on hotel key account relationship development. *International Journal of Contemporary Hospitality Management, 24*(3), 358-380.

Williams, R., & Rattray, R. (2005). UK hotel web page accessibility for disabled and challenged users. *Tourism and Hospitality Research, 5*(3), 255-267.

Williams, R., Rattray, R., & Grimes, A. (2007). ONLINE ACCESSIBILITY AND INFORMATION NEEDS OF DISABLED TOURISTS: A THREE COUNTRY HOTEL SECTOR ANALYSIS. *Journal of Electronic Commerce Research, 8*(2), 157-171.

Xu, J. B., & Chan, A. (2010). A conceptual framework of hotel experience and customer-based brand equity. *International Journal of Contemporary Hospitality Management, 22*(2), 174-193.

Yelkur, R., & Maria Manuela Neveda, D. (2001). Differential pricing and segmentation on the Internet: The case of hotels. *Management Decision, 39*(4), 252-261.

Yeoman, I. (2013). The importance of consumer behaviour. *Journal of Revenue and Pricing Management, 12*(5), 383-384.

Zhang, Z., Ye, Q., & Law, R. (2011). Determinants of hotel room price. *International Journal of Contemporary Hospitality Management, 23*(7), 972-981.

學習評量

1. 行銷策略組合包含所謂的 4P 乃是行銷人員用來達成其行銷目標的策略性工具，何者正確？

   (A) Product, Price, Promotion, Place
   (B) Product, Price, Promotion, Persuade
   (C) Product, Price, Place, Penetration
   (D) Product, Price, Persuade, Penetration

2. 旅館網站規劃出三個網站服務與網頁設計項目，可以由網站系統構成之指標，下列何者為非？

   (A) 商品資訊　　　　　　　　　(B) 消費者互動介面
   (C) 即時廣告訊息　　　　　　　(D) 以上皆是

3. ＿＿＿＿牽涉到系統導入成功、流程整合，以及相關的工作人員的連結；面對市場競爭環境的變化，此已成為面對競爭時，重要的策略之一。

   (A) 人力資源管理　　　　　　　(B) 網路行銷管理
   (C) 財物管理　　　　　　　　　(D) 顧客關係管理

4. 旅館管理者可以利用＿＿＿＿＿＿提供旅客下一次住宿時個人化的服務、分析市場變化及開發市場等。

   (A) 訂房歷史資料　　　　　　　(B) 顧客歷史資料
   (C) 顧客意見回饋　　　　　　　(D) 顧客投訴資料

5. ＿＿＿＿＿就是欣賞與尊重每個顧客的獨特性，掌握其核心價值，在企業核心能力的策略方向與限制下，發展出具有利益點的產品與服務，以滿足顧客特定的需求。

   (A) 一對一行銷　　(B) 大眾行銷部　　(C) 區隔行銷　　　(D) 同業行銷

6. 網路行銷與傳統行銷的差異點為：

   (A) 著重於實體商品的販售　　　(B) 強調產品實際的外觀屬性
   (C) 低價滲透策略　　　　　　　(D) 適合透過 Internet 來進行販售

7. 網路行銷與傳統行銷的差異點為：

(A) 消費者必須費時費力的到訪多家商店

(B) 搜尋成本高

(C) 搜尋成本低

(D) 市場滲透策略

8. 旅館網路行銷與傳統行銷的差異點為：

(A) 訂房時間有限制　　　　　(B) 地房時間無限制

(C) 搜尋費力　　　　　　　　(D) 不易付款

9. 旅館網路行銷與傳統行銷的差異點為：

(A) 旅館商品需要等候確認　　(B) 商品可以立即確認

(C) 商品訊息傳遞不易　　　　(D) 需要透過訂房人員確認

10. 網路行銷技巧乃是 B2C 電子商務成功的必要條件之一，而良好的網路行銷技巧通常包含：

(A) 消費者互動介面　　　　　(B) 了解顧客

(C) 適當的行銷策略規劃　　　(D) 以上皆是

11. 成功的顧客關係管理(Customer Relationship Management, CRM)牽涉到：

(A) 系統單一導入　　　　　　(B) 流程整合

(C) 組織抗拒　　　　　　　　(D) 工作人員保守

12. 旅館資訊系統的顧客歷史資料(guest history data)可以做為提供：

(A) 住宿時個人化的服務　　　(B) 分析市場變化

(C) 開發市場　　　　　　　　(D) 以上皆是

資訊系統策略
與組織的影響

在此複雜的環境中，掌握行銷資訊為每一位旅館業經營者所共同關切的焦點，要確定經營所需的行銷資訊有其基本的困難在本章中，本章說明資訊科技對旅館業組織影響，使的學習者能夠跳脫傳統組織的觀念，面對旅館業及整體旅遊產業的結構化改變。

李經理負責旅館內行銷策略的規劃，他發現觀光旅遊業為資訊密集（information intensive）的產業，當他在思考競爭撤略實，所需要分析的資訊必須涵蓋經濟環境、產業競爭、相關產業市場，及企業內活動的密集性等資訊，且對於經濟環境、競爭者動態資訊的掌握格外重要，他迫切需要整合性資訊系統以避免完全依賴旅館業內資訊，產生「產品導向」的決策錯誤。

10-1 資訊科技的轉變與衝擊

回顧在旅館產業中，資訊科技協助旅館經營者建立預約管理的體系，透過資訊科技，探究未來預約管理的潛在關鍵，旅館的管理者必須了解科技轉變的遊戲規則，選擇具有競爭優勢的策略，策略的實行分為服務導向策略和資訊科技導向策略。旅館業者總是努力達到房間客滿，以及利益最大化，為了達到此目的，旅館計劃並管理預約的程序，也就是說，旅館盡可能把潛在的需求轉變成真正的需求，如果旅館做得很好，相對地，就得到它的競爭優勢。

以供應鏈的觀點，旅館旅館在既有的系統（legacy systems）上，與其他產業共同合作，同時 legacy systems 也繼承了先前蒐集的顧客資訊。整合資訊系

統也被要求使員工能夠交換及分享知識。在供應鏈的觀點下，旅館業者須重新設計他們的程序與策略（Agarwal, Yochum, & Isakovski, 2002; Dzingai Kennedy, 2013; Harewood, 2008; Öztaysi, Baysan, & Akpinar, 2009; Smith & Rupp, 2004; Sundar, 2013; Yang, 2012）。因為資訊科技已從決策支援的工具，轉變成一個決定性的關鍵點。

網際網路也能夠精準的、有效的確認目標顧客，這或許是顧客對於大量客製化的產品需求增加的原因，由於網際網路超越地理上的限制，所以允許組織滲透至外國的市場抓住廣大的消費者，延伸市場的佔有率。研究顯示一些潛在的多媒體可傳遞圖檔資料和生動的旅遊產品，包含錄影影像、地圖、互動的呈現等等；因此，受訪者認為只要技術性的問題被解決，觀光組織就能透過多媒體創造極大的機會優勢；寬頻科技和行動商務 mobile commerce 將支援網際網路使用者在家中透過高速頻寬傳輸數位資料。

這樣的轉變促使整體旅遊產業發生了一些結構的改變；例如廣泛地使用網際網路就像是傳遞更新內容，它能夠創造廣泛範圍旅遊電子媒介（new tourism eMediaries），藉著旅遊業的目標，當多數的競爭者希望能生產大量的利潤，旅遊電子媒介維持一段期間，允許使用者定位系統的溶入，以提供旅遊供給者新機會的優勢和發展電子商務的應用，這個包括單一供給者的供給量，例如英國航空公司、Marriott Hotel、Avis，像多數供給者的網頁顯現出能支援運送物品目的地發展管理系統，並分配較小的所有權；除此之外，網際網路的入口發展在線上的旅遊分布，通常藉著外部線上代理人和供給者的旅遊內容，媒體企業就像漸漸地匯集他們的區域位置上延伸電子商務的能力。最近線上的代理商有效地分配存貨清單，Price.com 更換價錢的方法並且允許乘客搜尋準備服務他們的供給者，行銷管理者在全部分配信號通道，進行確認他們描述的產品，並且能了解困難度以及成本。

此外，旅客預期電信公司會和電子旅行社及其他供應者成為線上旅遊服務的合作夥伴，而當消費者願意付出金錢在 WAP 的連結上時，商業模式或許需要些改變，因此旅遊組織可能會對電信公司收取費用，進而分享連結時的收入。

此外 mCommerce 將會是個重大變革，它能夠讓顧客在同一時間購買產品，也能夠確認當地可供出售的產品及服務，同時 mCommerce 亦能使組織在鄰近

地區選定顧客，進而提供特別的促銷及服務。不同科技型態（如 New eMediaries、on-line travel agents、portals）適時地提供相關及豐富的資訊，為網路市場區隔的因素；數位電視、智慧型手機能深入商業間和家庭市場，優勢在於它能適用在多重平台，在不同時間、不同情況下，服務不同的顧客。除非這些系統結合現代化更新及採用新的模式進行，否則便僅能流失市場了。對旅館業者而言，必須考慮到新的概念和新的訓練，包括有知識的管理、對今後機制的評價、規則和管理技術。

10-2　旅館業資訊需求對行銷策略優勢

　　旅館業資訊系統功能由早期的作業交換功能，提升至行銷導向的決策功能，及服務導向的顧客服務功能，而彰顯顧客關係管理的核心效能，旅館資訊系統必須有效建立顧客歷史資料，透過旅館的作業程序，更能提供給旅客個人化的服務。

　　由顧客關係管理系統的角度而言：一般顧客關係管理系統分做功能型（operational）、分析型（analyzed）與溝通型（communication）等三類型；國際觀光旅館業藉由原 PMS 系統功能的策略性轉換，在不同功能中發揮不同的策略性功能（Altinay, 2007; Eric, 2013; Jain & Jain, 2006; Kamal Manaktola & Vinnie Jauhari, 2007; Karadag & Sezayi, 2009; Ku, 2010; Lin & Wu, 2008; Lo, Stalcup, & Lee, 2010; Magnini, Honeycutt, & Hodge, 2003; Noone, Kimes, & Renaghan, 2003; Ottenbacher & Harrington, 2010; Sharma, 2010; Taegoo, Joanne Jung-Eun, Lee, & Kim, 2012; Victorino, Verma, Plaschka, & Dev, 2005; Yvonne von Friedrichs & Gummesson, 2006）；例如主要服務的部門如客務部與房務部，在作業型的通能上發揮極大的功能，對旅館業而言，旅客選擇旅館的動機包括旅遊地點的選擇、當地旅館的比較（包括價格、位置、清潔程度及服務等）；許多旅客沒有再購（即沒有再度住宿）是因為沒有到此目的地；另一方面，對再度選擇相同旅館的旅客而言，服務就成為相當重要的考慮因素。也就是說，如果旅館業者掌握更多顧客的資訊，將能提供更細緻的顧客分析及服務提供；顧客的需求將成為旅館業者提供個人化商品重要的基礎。

在業務功能上，可以分析不同的市場消費內容，或是分析旅客喜好，這對制定行銷策略上發揮相當大的功能。除了分析旅館的營收之外，系統也可以針對服務的異質性的拷量下，提供指顧客在付出相同代價之情況下，享有獨特的服務內容；服務的內容是根據顧客的需求及國際觀光旅館之性質而有所差異，例如客房升等、延長住房時間、快速住房及退房作業、免費使用健身設備或游泳池及免費住房等都作為旅館業顧客服務的策略。旅館業中，特別是國際觀光旅館業，PMS 為處理旅客作業上的一項功能強大的系統，旅客的資料被儲存在系統中，提供各部門服務人員執行服務工作的安排，行銷人員分析市場，或管理者決策所需。PMS 在顧客服務異質性上發揮極大效益。

對旅館業者而言，旅館本身產品的屬性差異化程度低，旅館在顧客關係上是期待繼續以保留客人的角度思考，方法上是以提供精緻服務而獲得旅客的忠誠，當然也有旅館以經濟因素（如住宿日數累積）而提供差異的服務內容；在此觀念下，系統在支援旅館業者面對旅客提供的顧客關係管理活動時，就必須積極地面對每一位旅客的行為深入分析與了解，而提供個人化的服務內容。而在開發潛在旅客上，網路會員的資訊提供就成為相當重要的方式。

10-2-1 顧客關係管理的指標

旅館事業是由人（從業人員）服務人（客人）的事業，每位從業人員的服務品質的好壞直接影響全體旅館的形象；旅館經營客房出租、餐飲供應及提供有關設施之實體產品，最終以旅客的最大滿意為依歸。同時旅館提供全年全天候的服務，無論何時抵達的客人均使顧客體驗到愉悅和滿足。服務是所有旅館業者在競爭過程中所強的競爭策略之一。亞都麗緻大旅館在顧客關係管理的指標上，包括：

1. 客人再次抵達旅館之比例：指願意再次選擇回到曾住過旅館的比例。在亞都麗緻大旅館的顧客資料分析中，超過 70% 的旅客願意再次回到旅館。再度回到曾住過旅館的比例象徵著肯定該旅館的服務模式，才願意再度選擇該旅館。

2. 顧客意見回應：超過 55% 以上的旅客曾經填寫顧客意見表，旅館內會具體回應旅客提出的意見，同時會紀錄在資訊系統中。

3. 顧客歷史資料：旅客住宿的天數，是作為常客禮遇計畫的依據之一。

在間接指標上，旅館內也同時注意以下績效指標：

1. 住房率（Occupancy）：是指每日全旅館中出租使用佔房間總數之比例[1]。住房率是衡量一間旅館經營績效的指標，高住房率代表旅館出租房間之比例高，此指標也表示相同區域內競爭者之間經營的績效比較。

2. 平均房價（Average Rate）：是指平均銷售每個房間的價位[2]。平均房價代表該旅館的經營績效之一；也同時顯示該旅館愈獲市場的肯定。

3. 平均住房停留天數：是指平均每位客人連續住宿之日數。由旅館經營的角度而言，平均住客停留的天數，表示依位旅客在長期住宿的因素下，願意選擇停留的旅館，表示該旅館是值得信賴與肯定的。

而觀光旅遊業營運受旅遊季節而呈現波動差異，行銷資訊須能反映出「促銷」旅遊商品之消長趨勢；同時，旅遊商品不具儲存特性，商品在短期供給不具彈性，於特定期間內亦無法因應超量客源的需求，行銷資訊必須能即時呈現調節「供給」的功能。

掌握行銷資訊為每一位觀光旅遊業經營者所共同關切的焦點，然而，在此複雜的環境中，要確定經營所需的行銷資訊有其基本的困難，其原因包括：(1) 資訊的多樣化及複雜性、(2) 行銷人員為資訊處理與問題解決者，本身即有某種程度的限制、(3) 不同使用者或經營者對資訊需求之差距、(4) 資訊使用者無法確定資訊的需求等。什麼資訊才能滿足行銷作業、管理、決策等不同階層的需求？多少的資訊才能滿足企業所需？行銷人員應如何取捨眼前的資訊？這些難題是觀光旅遊業每一位從業人員所需面對與克服的問題。

行銷資訊必須滿足觀光旅遊業「服務」的基本功能。由觀光旅遊產業特性來看，其外在經濟環境，如全球經濟、外貿活動、航運便捷程度、全球觀光資

---

[1] Occupancy＝出租之房間數÷可供出租之總房間數×100%。

[2] Average Rate＝客房出租收入÷出租之房間數×100%。

源開發等影響，直接造成觀光旅遊的需求波動，行銷資訊須足以區辨「環境」轉變的功能。

由行銷策略（marketing strategy）的觀點[3]，行銷資訊之蒐集必須同時涵蓋產業競爭者、企業本身及消費者等（Dube & Renaghan，2000；Ismail、Dalbor and Mills，2002），以作為觀光旅遊業者制定行銷決策的參考；因此，如果以策略方格的觀念：由「服務」、「環境」、「投資」、「促銷」、「供給」為縱軸，「競爭者」、「企業」、「消費者」為橫軸所形成的資訊需求構面，將能對觀光旅遊業在拓展商機的資訊需求上，提供一個思考的方向（顧景昇，2004；2007）。

1. 競爭資訊：

    此構面所須的資訊含有觀光旅遊產業競爭者提供顧客服務之組織結構、人力資源結構及服務向度等資訊；例如對旅館業而言，競爭者間提供顧客服務的組織階層、人力支援程度、旅館客房服務、訂房服務、餐飲服務人員比例及服務內容等，以辨識人力資源是否較具優勢。例如旅館提供客房內單一撥號館內服務，客人可以訂餐、預定機票等，就可以創造獨特競爭優勢。

2. 支援服務資訊：

    此構面所需的資訊為企業本身提供顧客服務之組織結構、人力資源結構等資訊；例如航空企業提供顧客服務的部門、各部門人力分配情形、組織在緊急支援時能調整方式等；由近年來常發生一些目的的旅遊興起的來看，無論是航空業者、旅遊業者或政府部門所能提供的人力服務支援的資訊，均應包括在此資訊需求構面之中。

3. 消費偏好資訊：

    此構面包括消費者期待旅館服務及商品的資訊：例如願意支付套房的旅客需要旅館業提供如何的服務？業者如何滿足旅客消費；另如餐飲業者應如

---

[3] 本章延伸 M. Porter 競爭優勢的觀念。對於行銷策略有興趣的讀者，可以參考 Porter 相關著作。

何提供消費者應獲得的餐飲資訊；旅館業者亦可由此構面中對顧客提供特別的商品服務。如果旅館業者可以區隔出對法式餐點偏好的市場，進而邀請米其林星級主廚展現才藝。

4. 經濟環境資訊：

此構面包括旅館業競爭環境中相關因子，如國際經濟動態、國內經濟環境動態、餐旅業營業變外、來華旅客旅遊人數、住房率、平均房價等潛在競爭者的瞭解等，讓業者藉由瞭解競爭環境變化而採取不同的因應策略。近年來，對整體旅遊市場影響的陸客市場，就是旅館業者所必須掌握的環境資訊。

5. 潛在開發資訊：

此構面包括旅遊產業結構分析、旅館業成功關鍵因子、進入或退出產業的障礙因子，以幫助企業辨識在競爭環境中的優劣勢。例如，旅館業者應衡量同一地區內旅館的籌設情況，而規劃商品內容，以強化商品的機能。此外，業者必須分析個性化旅店、特色民宿對不同的消費者產生的替代效應。

6. 旅遊環境資訊：

此構面包括來華旅客遊客消費水準、國人消費程度等資訊。例如，國人在觀光旅遊過程中願意花費在住宿方面的金額佔整體旅遊消費支出的百分比；消費者選擇中式餐飲與西式餐飲之比率等，以區辨旅館業之消長。業者同時可以針對不同連續假期長短規劃不同的客房促銷活動。

7. 投資資訊：

此構面包括旅遊商品生命周期、競爭者在發展商品廣度、開發新商品等資訊；例如，不同旅館業者在興建旅館時所考慮的商品組合，旅館業者更新樓層的投資程度等。同時面對同業的競爭，業者應該思考更新樓層設計，及餐廳經營特性。

8. 新產品開發資訊：

   此構面為業者本身商品生命周期、擬再投資或更新商品等投入資金之水準等，藉以發展具競爭力的商品價值。例如，旅館業願意在餐飲服務投資在器皿上的支出程度，願意投入新產品開發的成本。在軟體上，對主廚的延聘及菜單的更新也必須多加思考。

9. 消費水準資訊：

   此構面為消費者購買旅遊商品消長之資訊；當經濟成長後，消費者對旅遊商品支出成長的比率；或不同目標市場，顧客願意支付購買觀光旅遊商品佔消費總額的程度；例如，日籍旅客願意花費在高爾夫球消費的比率可能高於其他客源；國民所得提升後，國人在餐飲消費支出程度。由消費者的支付水準可以及應在不同的旅館客房及餐飲設計上。

10. 通路商資訊：

    此構面包括觀光旅遊競爭者中促銷的方式、內容等，又中介者對觀光旅遊產業影響的動態，影響觀光旅遊各企業市場佔有率之程度？並且瞭解競爭者對區隔市場促銷的轉變分析。例如，信用卡對旅遊消費的功能，業者藉此促銷旅遊商品之型式。未來，在電子商務的衝擊下，網路行銷及團購市場的開發，也是應該努力的方向。

11. 促銷資訊：

    此構面包括企業因應旅遊波動所採取對不同目標市場顧客之促銷活動，及全年促銷方案之執行。例如，航空業者與信用卡合作的積點累計旅遊促銷資訊，與旅行社合作旅程規劃型式。旅館業者也可以在 Booking.com 或 Tripadvisor 上提供不同的促銷計劃。

12. 觀光活動資訊：

    此構面包括消費者對觀光旅遊業者促銷活動的態度、促銷活動對消費者的影響、消費者接受促銷程度。例如；消費者在不同節慶活動、美食周等不同餐飲促銷訴求的接受程度。

13. 供給能量資訊：

    此構面包括觀光旅遊產業各競爭者商品供給的資訊、不同旅遊季節對競爭者商品供給影響等。例如，不同旅行社在旅遊旺季出團的數量、各航空業者在旅遊旺季所能提供最大運輸能量、國際觀光旅館客房數、住房率等比較資訊。這些供給能量資訊是規劃行銷策略上重要的資訊。

14. 季節供給資訊：

    此構面包括企業本身商品供給的程度、不同旅遊季節對競爭者商品供給的影響；例如，航空業者在不同航線上載客能力、轉運的便利程度、旅行社提供旅程路線等。相對地，季節供給資訊就可以反應在不同的訂價策略上。

15. 消費者供給資訊：

    此構面包括消費者在觀光旅遊活動中的消長、消費者在商品供給消長產生購買商品行為轉變的資訊。對觀光旅遊業者而言，利用區分目標市場顧客的資訊，設計滿足顧客的商品，藉此掌握旅遊波動中旅客的消長程度，以讓觀光旅遊業者調節商品的供給。

    旅館業者因應市場競爭環境情勢快速的變化，掌握有效的行銷資訊，洞察環境的脈動，方能協助業者更有效地發展目標市場策略，進而為企業創造行銷機會及競爭優勢。

    由觀光旅遊業行銷資訊策略性功能而言，不單僅是靠旅館管理資訊系統、旅行社、航空業航空訂位網路或企業內部的資訊即可完全滿足，而應同時考量資訊科技衝擊及資訊策略性功能，整合觀光旅遊業資訊，使企業所需資訊來源較過去更豐富且迅速；如此，觀光旅遊業競爭者間必將轉換為合作關係，企業內資訊也須轉變成與企業間共享的資訊，各企業體自行處理資訊，將轉變成共同處理資訊的利益。

10-3　資訊科技對旅館業組織影響

　　旅館引進資訊科技協助經營管理及強化作業流程，容易受到主管是否支持？組織內容各部門是否配合？及員工學習程度影響。

　　由組織變革的觀點而言，旅館業面對資訊科技造成的衝擊，將使企業歷經自動化、資訊化及企業體質改變等三個階段的組織變革。

　　企業自動化的階段過程中，一些事務性的工作，將完全被電腦所取代。從事旅館事業生產作業中的任何工作，均會受到運用資訊技術轉變的衝擊；例如，客房部門訂房作業因資訊技術的革新，從前旅館業訂房人員只須學習如何填寫訂房卡，現今則必須花較多時間學習熟悉資訊科技的操作，以減少訂房作業的時間；旅館業之訂位人員更要學習如何由訂位系統中迅速地為旅客完成訂位的服務，會計部門也要學習由資訊系統中完成結帳、轉帳等業務。

　　旅館資訊系統未來的整合方向就是透過適當的人力規劃及瞭解旅館的營運目標，人力成本結構，勞法規之規範，並參考同競爭因素等，審慎制定人力編制，此外對於正職及兼職員工也須因工作職務之特性妥善規劃。一般而言，旅館人力資源部門會編訂人力配置總表（manning guide）詳述各部門、各職務因聘用之職稱、級職、人數、薪資範圍、限制條件等，以作為晉用人力之依據。現今某些旅館除了委託人力網站徵才之外，也會在旅館自行建立的網站中進行人力招募的工作；除此之外，透過資訊館裡提供的人力資訊，可以協助旅館是在降低企業成本，尤其是人力資源成本；旅館業必須透過此階段的組織變革，讓從業人員除了使用新的資訊科技之外，仍必須發展出新工作技巧，這些新工作技巧包括從業人員對工作內容思維方式的轉變。

　　因為這些資訊科技所處理的事務，將產生對旅館業體更有利的新資訊，例如業務人員分析全年度旅遊產品銷售記錄時，同時可以分析出旅客對旅遊商品的偏好與購買特性；接受訂房作業作業人員可能發現，當季節改變時，客房商品的銷售量會跟著變化，同時，行銷業務人員可以更精確地規劃行銷計劃。

　　這些經由資訊科技產生的新資訊，即需要旅館從業人員用不同於傳統的思考角度來思考其涵意。旅館業者除了在網站上提供公司的文化之外，網站上規

劃了各部門的簡介，這也提供非旅館管理相關科系的應徵者，對旅館內各部門的基本了解，應徵者可以透過對部門的基本介紹中找到自己有興趣服務的部門；因此，資訊化階段的生產作業人員不同於自動化階段的工作，不僅只監測螢幕，而必須瞭解旅遊服務之整體作業流程，利用新資訊來開拓新的商業機會。

當旅館業歷經企業自動化及資訊化的階段後，其組織的基本特性必然發生改變。此時，企業必須強化組織領導的方式，以拓展其視野及增加其競爭的能力，此即是所謂的質變階段。可預期的未來，資訊科技對專業知識性工作：如菜單設計、旅館訂價策略、各企業之人力資源、業務推廣、顧客關係管理、銀行授信等方面，旅館業體在運用新科技來協助提升決策品質及效率方面，將遠超過作業性功能的衝擊。

面對質變階段中所須強化或改變的企業問題均是最基礎的，但對旅館業而言，也同時是最困難的。對決策及管理階層工作的衝擊，主要源自於網路對企業體所造成的影響，將使得不同產業間，如旅行業、航空公司，由以往處於銷售通路的競爭角色中，轉變成為相互倚賴的合作關係。

當資訊技術跨越不同企業體界線的最大的衝擊，是使企業體間同時存在競爭與合作的關係，此種相互影響關係的競爭情況，使觀光旅遊不同企業與其競爭對手間，會隨傳統的經濟力或資訊技術的改變而改變競爭關係。例如，國際觀光旅館將與旅行業、航空事業或其它相關的觀光旅遊業彼此共享資訊。共同開發、銷售旅遊商品，更能掌握旅遊市場的變動。

資訊技術使企業內部的成本降低、對市場的反應更快、經濟規模也同時產生變化。此外，企業內的資訊流通及決策的速度也變得愈來愈快。在這一連串企業內部功能、控制及權力的重新分配之後　傳統的觀光旅遊業型態將被資訊科技所改變。

一旦企業結構發生改變，管理功能及程序也相繼的發生改變，企業內的工作將因需要而調整。此時觀光旅遊業面臨最大的問題，是如何透過新的管理系統及程序來思考經營方式。資訊科技　重組管理結構面對此一連串的衝擊與變革，觀光旅遊業應重新衡量經營目標，善用資訊科技的優點，以新的經營思維重新探究資訊的本質與功能，方能確保企業能得利所需要的資訊支援，及有效

地分配資訊資源；對注重個人服務的觀光旅遊業提供消費者更佳的「資訊服務革命」，形成觀光旅遊產業競爭的「通路革命」。

就消費者而言，傳統上旅客可透過旅行社或中介者等二段式以上的配銷通路，以優惠的價格向航空公司預訂機位及預訂觀光旅館住宿等在旅程上的旅遊服務，但消費者同時必須承擔旅行社或中介者未依約定訂位或訂房的風險。

因此，透過資訊科技的運用，使消費者可以直接由終端機之一方瞭解航空公司的訂位情形、瞭解旅館住宿的服務等級與價格、某旅行社提供的遊程安排、旅遊目的地的交通運輸情形、同時獲得一份遊覽區的風俗簡介等，如此不僅降低消費者與供給者間的通路層級，減少企業及旅客損失旅遊的風險，同時提供消費者品質保障的資訊服務。

就觀光旅遊業而言，傳統旅行社為旅客提供「綜合服務」的功能勢將減弱，取而代之的是與相關的企業，如航空公司、觀光旅館等聯合銷售資訊，傳統觀光旅遊業間銷售通路，也因資訊服務而產生變化，企業僅透過任何資訊傳遞的介面，與消費者間的距離更為接近。

整合資訊並掌握優勢行銷對企業而言，與消費者間距離的縮短將使企業更能掌握消費者，辨識商業機會。由旅客預訂機位、預訂住宿的基本資料中可以瞭解來華旅客旅遊人數、旅客消費、餐旅業營業等與觀光旅遊具關聯性的資訊。

同時經由資訊的處理，業者對產業競爭資訊，如航空業競爭分析、旅行社旅遊行程規劃、國際觀光旅館業競爭的範圍、觀光旅遊產業結構分析、旅遊商品生命週期、主要的競爭者的成功關鍵因子、潛在競爭者的瞭解、進入或退出產業的障礙因子等有助於辨識企業在產業競爭中消長情況的資訊，使企業在面對產業競爭，如競爭者區隔市場、目標市場的轉變、顧客需求、購買動機及各競爭者促銷活動的動態分析、產業競爭等資訊的掌握，以作為決策的參考。

除了由企業外部資訊支援外，業者同時必須結合企業內資源資訊的分析，才能將企業資源對行銷戰略作適當分配；因此，對過去經營績效、組織結構、人力資源結構及財務結構等資訊的掌握，將可讓業者在衡量行銷策略上，擁有重要的決策資訊來源。

　　由觀光旅遊業行銷資訊策略性功能而言，不單僅是靠旅館管理資訊系統、旅行社、航空業航空訂位網路或企業內部的資訊即可完全滿足，而應同時考量資訊科技衝擊及資訊策略性功能，整合觀光旅遊業資訊，使企業所需資訊來源較過去更豐富且迅速；如此，觀光旅遊業競爭者間必將轉換為合作關係，企業內資訊也須轉變成與企業間共享的資訊，各企業體自行處理資訊，將轉變成共同處理資訊的利益。

　　差異化的競爭優勢建立於有效掌握觀光旅遊市場趨勢的變化，而反映市場變化的市場資訊，成為被重視的基本焦點，觀光旅遊不同的企業體在資訊科技壓縮時空的情形下，企業內及企業間的資訊整合更將加強，亦即資訊網路已劃過不同企業體間的界線，創造了新的「組織」。

　　企業體面對這些因工作本質改變對企業造成的衝擊時，必須重新思考自己的企業目標，使組織在變革時有方向可循。并使企業面對新競爭者威脅及愈益複雜的競爭環境下，藉由資訊與通訊科技加速蒐集、處理、分析、整合，以協助企業擬定目標市場策略，觀光旅遊業將能不斷地創造行銷機會與競爭優勢。

參考文獻與延伸閱讀

顧景昇 (2004)，旅館管理。揚智文化事業股份有限公司。台北。

顧景昇 (2007)，餐旅資訊系統，揚智文化事業股份有限公司。台北。

Agarwal, V. B., Yochum, G. R., & Isakovski, T. (2002). An analysis of Smith Travel Research occupancy estimates: A case study of Virginia Beach hotels. *Cornell Hotel and Restaurant Administration Quarterly, 43*(2), 9-17.

Altinay, L. (2007). The internationalization of hospitality firms: factors influencing a franchise decision-making process. *The Journal of Services Marketing, 21*(6), 398-409.

Dzingai Kennedy, N. (2013). CSR reporting among Zimbabwe's hotel groups: a content analysis. *International Journal of Contemporary Hospitality Management, 25*(4), 595-613.

Eric, S. W. C. (2013). Gap analysis of green hotel marketing. *International Journal of Contemporary Hospitality Management, 25*(7), 1017-1048.

Harewood, S. (2008). Coordinating the tourism supply chain using bid prices. *Journal of Revenue and Pricing Management, 7*(3), 266-280.

Jain, R., & Jain, S. (2006). TOWARDS RELATIONAL EXCHANGE IN SERVICES MARKETING:INSIGHTS FROM HOSPITALITY INDUSTRY. *Journal of Services Research, 5*(2), 139-150.

Kamal Manaktola, H. P. I., & Vinnie Jauhari, H. P. I. (2007). Exploring consumer attitude and behaviour towards green practices in the lodging industry in India. *International Journal of Contemporary Hospitality Management, 19*(5), 364-377.

Karadag, E., & Sezayi, D. (2009). The productivity and competency of information technology in upscale hotels. *International Journal of Contemporary Hospitality Management, 21*(4), 479-490.

Ku, E. C. S. (2010). The impact of customer relationship management through implementation of information systems. *Total Quality Management & Business Excellence, 21*(11), 1085.

Lin, C.-T., & Wu, C.-S. (2008). Selecting a marketing strategy for private hotels in Taiwan using the analytic hierarchy process. *The Service Industries Journal, 28*(8), 1.

Lo, A. S., Stalcup, L. D., & Lee, A. (2010). Customer relationship management for hotels in Hong Kong. *International Journal of Contemporary Hospitality Management, 22*(2), 139-159.

Magnini, V. P., Honeycutt, E. D., Jr., & Hodge, S. K. (2003). Data mining for hotel firms: Use and limitations. *Cornell Hotel and Restaurant Administration Quarterly, 44*(2), 94-105.

Noone, B. N., Kimes, S. E., & Renaghan, L. M. (2003). Integrating customer relationship management and revenue management: A hotel perspective. *Journal of Revenue and Pricing Management, 2*(1), 7.

Ottenbacher, M. C., & Harrington, R. J. (2010). Strategies for achieving success for innovative versus incremental new services. *The Journal of Services Marketing, 24*(1), 3-15.

Öztaysi, B., Baysan, S., & Akpinar, F. (2009). Radio frequency identification (RFID) in hospitality. *Technovation, 29(9)*, 618.

Sharma, S. K. (2010). Customer Satisfaction with the Hospitality Services: An Exploratory Study. *International Journal of Hospitality and Tourism Systems, 3*(1).

Smith, A. D., & Rupp, W. T. (2004). E-Traveling via Information Technology: An Inspection of Possible Trends. *Services Marketing Quarterly, 25*(4), 71-94.

Sundar, S. B. (2013). EFFICACY OF PROCUREMENT MANAGMENT IN CONSTRUCTION PROJECTS AND PROPERTY. *International Journal of Marketing and Technology, 3*(7), 30-48.

Taegoo, K., Joanne Jung-Eun, Y., Lee, G., & Kim, J. (2012). Emotional intelligence and emotional labor acting strategies among frontline hotel employees. *International Journal of Contemporary Hospitality Management, 24*(7), 1029-1046.

Victorino, L., Verma, R., Plaschka, G., & Dev, C. (2005). Service innovation and customer choices in the hospitality industry. *Managing Service Quality, 15*(6), 555-576.

Yang, J.-t. (2012). Identifying the attributes of blue ocean strategies in hospitality. *International Journal of Contemporary Hospitality Management, 24*(5), 701-720.

Yvonne von Friedrichs, G., & Gummesson, E. (2006). Hotel networks and social capital in destination marketing. *International Journal of Service Industry Management, 17*(1), 58-75.

學習評量

1. 旅館的管理者必須了解科技轉變的遊戲規則,選擇具有競爭優勢的策略,策略的實行分為_____導向策略,下列何者為非?

   (A) 服務　　　　　(B) 產品　　　　　(C) 科技　　　　　(D) 以上皆非

2. 由於網際網路超越地理上的限制,一些潛在的_____可傳遞圖檔資料和生動的旅遊產品,包含錄影影像、地圖、互動的呈現等等,觀光組織就能透過此方式創造極大的優勢。

   (A) 平面廣告　　　(B) 報章雜誌　　　(C) 電視廣告　　　(D) 多媒體

3. _____將會是個重大變革,它能夠讓顧客在同一時間購買產品,也能夠確認當地可供出售的產品及服務,優勢在於它能適用在多重平台,在不同時間、不同情況下,服務不同的顧客。

   (A) Mobile Commerce　　　　　(B) E Commerce

   (C) B2C commerce　　　　　　(D) B2B commerce

4. 由顧客關係管理系統的角度而言:一般顧客關係管理系統分做三種類型,下列何者為非?

   (A) 功能型(Operational)　　　　(B) 互動型(Interaction)

   (C) 溝通型(Communication)　　　(D) 分析型(Analyzed)

5. 小康旅館客房總數為 465 間、故障房 15 間,2014 年 3 月 15 號出租房間數為 300 間,請試算出這天小康旅館的 Occupancy 是多少?

   (A) 62.50%　　　(B) 63.52%　　　(C) 64.51%　　　(D) 66.67%

6. 一般而言,旅館人力資源部門會編訂_____詳述各部門、各職務因聘用之職稱、級職、人數、薪資範圍、限制條件等,以作為晉用人力之依據。

   (A) 人員管理表格(Manning list)

   (B) 人力資源分配表(Human Resources guide)

   (C) 人力配置總表(Manning guide)

   (D) 人員分配表(Manning guide)

7. 當旅館業歷經企業自動化及資訊化的階段後，其組織的基本特性必然發生改變。此時，企業必須強化組織領導的方式，以拓展其視野及增加其競爭的能力，此即是所謂的＿＿＿＿階段。

    (A) 質變 　　　　(B) 拓展 　　　　(C) 蛻變 　　　　(D) 轉變

8. 國際觀光旅館業藉由原＿＿＿＿系統功能的策略性轉換，在不同功能中發揮不同的策略性功能。

    (A) PMS 　　　　(B) PMC 　　　　(C) MSM 　　　　(D) PNS

9. 在旅館業複雜的環境中，要確定經營所需的行銷資訊有其基本的困難，其原因不包括下列哪一項？

    (A) 資訊的多樣化及複雜性
    (B) 行銷人員為資訊處理與問題解決者，本身即有某種程度的限制
    (C) 不同使用者或經營者對資訊需求之差距
    (D) 資訊使用者可以確定資訊的需求

10. 由觀光旅遊產業特性來看，其外在經濟環境，如全球經濟、外貿活動、航運便捷程度、全球觀光資源開發等影響，直接造成觀光旅遊的需求波動，行銷資訊須足以區辨＿＿＿＿轉變的功能。

    (A) 觀光 　　　　(B) 服務 　　　　(C) 環境 　　　　(D) 市場

11. 下列哪一項資訊內容含有觀光旅遊產業競爭者提供顧客服務之組織結構、人力資源結構及服務向度等資訊；例如對旅館業而言，競爭者間提供顧客服務的組織階層、人力支援程度、旅館客房服務、訂房服務、餐飲服務人員比例及服務內容等，以辨識人力資源是否較具優勢？

    (A) 競爭者服務資訊　　　　　　(B) 企業服務資訊
    (C) 消費者服務資訊　　　　　　(D) 競爭者環境資訊

12. 旅館的行銷金三角不包括下列哪一項？

    (A) 旅館　　　　　　　　　　　(B) 員工
    (C) 競爭者　　　　　　　　　　(D) 消費者（或旅客）

旅館資訊系統--旅館資訊系統規劃師認證指定教材

作　　者：顧景昇 / 國立中央大學管理學院 ERP 中心
企劃編輯：江佳慧
文字編輯：詹祐甯
設計裝幀：張寶莉
發 行 人：廖文良

發 行 所：碁峰資訊股份有限公司
地　　址：台北市南港區三重路 66 號 7 樓之 6
電　　話：(02)2788-2408
傳　　真：(02)8192-4433
網　　站：www.gotop.com.tw
書　　號：AER038900
版　　次：2014 年 08 月初版
建議售價：NT$420

商標聲明：本書所引用之國內外公司各商標、商品名稱、網站畫面，其權利分屬合法註冊公司所有，絕無侵權之意，特此聲明。

版權聲明：本著作物內容僅授權合法持有本書之讀者學習所用，非經本書作者或碁峰資訊股份有限公司正式授權，不得以任何形式複製、抄襲、轉載或透過網路散佈其內容。

版權所有 ● 翻印必究

國家圖書館出版品預行編目資料

旅館資訊系統：旅館資訊系統規劃師認證指定教材 / 顧景昇, 國立
中央大學管理學院 ERP 中心著. -- 初版. -- 臺北市：碁峰資訊,
2014.08
　面；　公分
　ISBN 978-986-347-261-2 (平裝)
　1. 旅館業管理　2. 管理資訊系統
489.2029　　　　　　　　　　　　　　103014314

讀者服務

● 感謝您購買碁峰圖書，如果您對本書的內容或表達上有不清楚的地方或其他建議，請至碁峰網站：「聯絡我們」\「圖書問題」留下您所購買之書籍及問題。(請註明購買書籍之書號及書名，以及問題頁數，以便能儘快為您處理)
http://www.gotop.com.tw

● 售後服務僅限書籍本身內容，若是軟、硬體問題，請您直接與軟、硬體廠商聯絡。

● 若於購買書籍後發現有破損、缺頁、裝訂錯誤之問題，請直接將書寄回更換，並註明您的姓名、連絡電話及地址，將有專人與您連絡補寄商品。

● 歡迎至碁峰購物網
http://shopping.gotop.com.tw
選購所需產品。